I'm Maker
i创客

爱上 无人机
航拍新手入门100问

U0333193

林承志 King　著　　于峰　审

薪创飞行团队　协助

人民邮电出版社

北京

图书在版编目（CIP）数据

爱上无人机：航拍新手入门100问 / 林承志King著
. -- 北京：人民邮电出版社，2017.12
（i创客）
ISBN 978-7-115-46746-1

Ⅰ. ①爱… Ⅱ. ①林… Ⅲ. ①无人驾驶飞机—航空摄
影—问题解答 Ⅳ. ①TB869-44

中国版本图书馆CIP数据核字(2017)第225274号

版权声明

项目合作：锐拓传媒copyright@rightol.com

本书中文繁体字版本由 城邦文化事业股份有限公司 在台湾地区出版，今授权 人民邮电出版社 在中国大陆地区出版其中文简体字平装本版本。该出版权受法律保护，未经书面同意，任何机构与个人不得以任何形式进行复制、转载。

内 容 提 要

本书是一本全面解答航拍玩家最常见的100多个问题的玩家手册，也可以说是一本航拍玩家入门手册，用通俗易懂的文字，带你全面了解无人机，并帮你解决航拍过程中可能遇到的各种状况，带着这本书出去航拍，你就能安心拍出最美的风景！

◆ 著　　　　　林承志 King
　　审　　　　　于 峰
　　责任编辑　　魏勇俊
　　责任印制　　周昇亮

◆ 人民邮电出版社出版发行　　北京市丰台区成寿寺路 11 号
　　邮编　100164　　电子邮件　315@ptpress.com.cn
　　网址　http://www.ptpress.com.cn
　　北京捷迅佳彩印刷有限公司印刷

◆ 开本：787×1092　1/16
　　印张：9.75　　　　　　　　　2017 年 12 月第 1 版
　　字数：256 千字　　　　　　　2017 年 12 月北京第 1 次印刷
　　著作权合同登记号　图字：010-2016-10080 号

定价：69.00 元

读者服务热线：(010) 81055339　印装质量热线：(010) 81055316
反盗版热线：(010) 81055315
广告经营许可证：京东工商广登字 20170147 号

带你进入航拍的"视界"

*We grow great by dreams！**人因梦想而伟大，梦想因为遥远而美丽。***

小时候，总会把方形色纸折成小小的飞机，看着五颜六色的梦想飞舞在天空里，忽然相信，那片高高在上蓝色的世界一定很美，仿佛有着最透明的快乐。年少时，曾经满怀激情，徜徉在乘风破浪的航海时光，只觉得这一片无边无际的蓝色里，有最自由的青春。

后来，开始想要记录岁月和光阴的故事，才发现摄影镜头下的张力，是我渴望表达的。从此之后，这颗心一直在路上，眼里写下的都是难以忘怀的瞬间！

如今，一架无人航拍机，把我的心、我的眼，带回那片蔚蓝。顺着风，我踌躇满志，想要飞得高远。逆着风，我泪流满面，只因儿时的梦，这一次触手可及。

我的航拍机，或许没有办法替你实现梦想，但至少可以让你放飞心情，只期许那一刻的你，离蓝天大海更近，离梦想也更近！

你进来了吗？还是观望中？不用担心，无需害怕，我们将带您进入无人航拍机的世界。本书提供给飞友们一个教战百科，不仅有无人机概念、飞行技巧、航拍观念、私房景点、拍摄角度、故障排除等专业知识，更有选购上的资讯及分析。

林承志King

感谢我的家人与即将新婚的老婆，在航拍这条路上陪伴着我

感谢我的父母，支持我在摄影与航拍的路上继续前行

感谢航拍这条路上，薪创飞行团队陪我一起成长，让我在这条路上不孤单，谢谢小君、阿翔！

第 1 课

向往天空，让新手不再疑惑害怕的问题解答

第 2 课

飞上蓝天，帮入门者解析航拍机的问题解答

第 3 课

驾驭长空，带初学者 体验飞行美好的 问题解答

第 4 课

鸟瞰大地，教你进阶 航拍摄影技巧的问题解答

第 5 课
梦幻飞翔,
问出高手私藏的航拍密技

第 1 课

向往天空，让新手不再疑惑害怕的问题解答

01 航拍机真的可以简单飞起来吗？

那么小一台航拍机、几个小小的螺旋桨，可以让飞机安稳地飞上天空，甚至还要载运有点重量的摄影机，这真的有可能吗？会不会我买了一台航拍机结果飞不起来？要特定环境才能飞起来？要学习很多才能飞起来？

答 目前的航拍机主流为"多旋翼无人机"，也就是由多只旋翼组成，旋翼旋转时，经由螺旋桨把空气向下推，产生升力，无人机就被往上推起了！这样的飞行方式不仅操作简单，任何没有玩过遥控飞机的人都能轻易上手，而且飞起来也可以很安稳。

这种航拍机的飞行原理，在物理上叫作"伯努利原理"。

注意 / 伯努利定律是流体力学中的一个定律，由瑞士流体物理学家丹尼尔·伯努利于 1738 年在他出版的《Hydrodynamica》中提出，描述流体沿着一条稳定、非黏滞、不可压缩的流线的移动行为。

飞机能在空中飞行是应用了伯努力定律的"流体流速越大，压力越小"原理，飞机向前飞，在机翼前缘的空气不管是背部或腹部皆须同时到达机翼后缘，因为机翼背部呈弧形，腹部成平面状，所以背部的空气流速快，相对腹部压力就较小，所以压力大的腹部空气可以支撑飞机的重量，飞机也就飞起来了。

• 右边红色的部分是航拍机的电机，电机上方是旋翼

• 多旋翼的升力甚至可承载一台单反相机

航拍机飞起来很容易坠机吗？

我看到很多航拍机坠机的新闻，会不会我买了一台航拍机，结果航拍过程中很容易坠机或者撞机？飞到一半航拍机会不会掉下来呢？

 市面上的大品牌航拍机都是经过制造商严苛的测试后才会销售到消费者手上，反倒是很多的使用者会因为操作上的错误而导致危险。

新手最容易犯的问题有 4 个：

1. 飞行前没有仔细阅读无人机的说明书　　**2. 没有预先做好航拍机的安全检查**

3. 不清楚航拍机的性能　　**4. 对飞行现场的环境不熟悉**

其实只要先做好基本功课，然后选择对的飞行场所，再了解一下这本书里会教大家的飞行前 SOP（标准作业程序），就可以放心安全地飞行了。

- 有些地点不够安全所以航拍机飞起来容易失控或撞机，例如高楼密集的市区、树木茂盛的山区

- 树木茂盛的山区是很危险的飞行地点，小编第二次飞行，就跑到这边来练胆，现在想起来真是错误的第一步

03 我可以在家里练习操控航拍机吗？

一开始我不好意思到外面练习操控航拍机，或者刚好我想拍摄婚礼的室内场景，我可以在室内练习操控航拍机吗？

答 室内飞行是可以的，不过还是要注意一下安全。

现在的高端无人机不只有 GPS 功能，有些还提供了适合在室内使用的超声波或视觉定位系统，所以室内飞行也一样可以被操控。

只是无论是使用入门还是高阶机型，室内的飞行都要特别注意航拍机的控制及设定，还有人员的安全，毕竟距离较近，而且旋翼在高转速下是有很强的破坏力的。

注意 / 如果真的要在室内飞行，还是建议加上防护网（防护环）以免一不小心伤到人或机器。

- 室内飞行因为空间较小，需要小心操作（此图由周国安工作室提供）

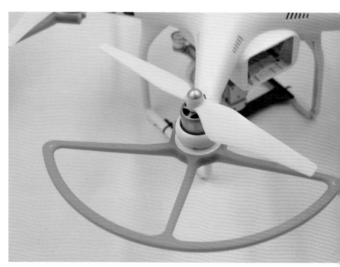

- 此类型旋桨防护环可以避免因为碰撞所产生的危险及损坏

⓪4 我可以遥控视野外的航拍机吗？

买了航拍机就是想要到大自然航拍，而不只是当遥控飞机用，这时候很有可能要让航拍机飞出我的可见视野范围，那么我还能远程遥控航拍机吗？

 很多航拍机都有即时预览功能，就是所谓的第一人称视角（FPV=First-Person View），我们可以通过即时预览，看到航拍机所拍摄的画面，因此能远程遥控它们飞行。

• 通过平板电脑预览

• 外接屏幕预览

05 航拍机可以承载多重的物体？

我可以把某些物品，或是我自己改装的摄影机绑在航拍机上，让航拍机载运到空中或其他地点吗？

答 我去山上飞行的时候，经常会被当地朋友问到可不可以载人，可能只是随口的玩笑话，但是被问到太多次了，所以还是很想正面回答这个问题。

一般消费级的无人机重量最轻，一般为 0.5 ~ 1kg，中高端机型，也就是大家最常使用的航拍机重量在 1 ~ 2.2kg 之间。这样以航拍机本身的重量想要将人送上去真的是难为它了。

在载物上面，目前用于海钓的机型想要运送一个 0.15 ~ 3kg 的钓鱼用品到空中并不是太大的问题，但运送更重的物品就需要更专业的机型。

也有不少运输业者积极开发航拍机运送货物的能力，现在已研制出了"亿航184"可载人无人机。

以多轴机挂载救生圈起飞（此图由亚拓桃园无人飞行器团队提供）

以多轴机挂载救生圈试投（此图由亚拓桃园无人飞行器团队提供）

航拍机的尺寸、不同造型差别大吗？

航拍机的机型外观看起来差别很大，尺寸也有大有小，这对航拍有什么影响吗？

 航拍机的尺寸大或小，其实最大的差别就在：

1. 稳定度

2. 抗风性

3. 载重

通常尺寸越大，上面 3 个方面效果也越好，当然机型的价格也越高。

其实可以依照个人的需求去选购，本书后面也会根据特定问题来讨论如何选购航拍机。

至于外观造型，各花入各眼，环肥燕瘦任君挑选，在真实功能上影响不大。

- 每次的飞行聚会都可以看到很多不同的机型，其实最关键的还是你的航拍技巧，这也是本书的重点，至于航拍机机型就看你的喜好了

07 我们为什么需要一台航拍机？

航拍机看起来是新潮流，但是我应该买一台吗？有哪些理由可以说服我买一台航拍机？

 这个问题真的是太好了！买航拍机难道会让你变聪明、变高、变美吗？

当然不是，航拍机其实最主要的作用就是用来航拍，而航拍的同时也能让我们开阔眼界。

你会突然发现：

原来我家附近也有这么迷人的景色

原来从某个高度往下看，视野是这么的动人

小编更是常利用航拍机来散散心，舒解压力，充实心里的能量。

每当航拍机一起飞，我就什么烦恼都忘了，比打游戏还有用，不时还会结交到不同地方的朋友，别人遛宠物，我玩航拍机，还跟现场的大小朋友分享，当地的航拍画面往往让大伙惊叹不已。

家人和朋友更是因为买了航拍机而多了想要外出拍风景的出游动力，说它是我最佳的社交利器也不为过！

● 在新竹一个小草地玩玩无人机，看看美景，舒心极了

• 去参加露营活动，大伙一见航拍机立即兴奋起来

• 在一个试飞场所遇到的法国朋友们也来询问有关航拍的各种问题

ⓞ⑧ 为何最常看到 4 轴无人机？

买航拍机时常常听人提到 4 轴多旋翼无人机、6 轴多旋翼无人机，而大多数人买的好像都是 4 轴无人机，这里面有什么玄妙吗？

答 现在的无人机大多使用 4 / 6 / 8 组偶数螺旋桨，原因是螺旋桨旋转时空气会产生对等的反作用力，这时需要借由正转及反转各一组，来达到两两作用力抵消的最好平衡。

4 轴无人机的基本原理是靠正反转速差产生反作用的力矩差，当电机 1 和电机 4 顺时针旋转的同时，电机 2 和电机 3 逆时针旋转，就可以达到平衡旋翼对机身的反扭矩的效果。另外也可以通过调节 4 个电机的转速来改变旋翼转速，实现升力的变化，进而控制航拍机的姿态、速度和位置。

虽然也有 6 轴、8 轴无人机，但 4 轴无人机的价位最亲民，最适合一般航拍玩家，所以我们最常看到的也是 4 轴的机型。

● 这就是常见的 4 个轴承、4 个桨的无人机，简称 4 轴无人机

航拍机的 4/6/8 轴有何不同?

航拍机的轴数越多越好吗?为什么越多旋翼的航拍机价格越高?

 前面有提过,主机的轴数越多,以下 3 个要素的性能也越好:

1. **抗风**
2. **载重**
3. **飞行稳定性**

另外这 3 个要素也和重量成正比,在某个单轴失控的情况下,6 轴及 8 轴的航拍机可能还有机会在操控人员专业的控制下安全降落。

- 4 轴航拍机 3DR SOLO

- 6 轴航拍机 Freefly ALTA

- 8 轴航拍机 DJI S1000

10 螺旋桨越大，航拍机会飞得越高、越远吗？

除了旋翼的数量外，如果换成更大的螺旋桨，有可能提升航拍机的性能吗？可以这样做吗？

 螺旋桨（Propeller）是主要的飞行推手，又常称为旋翼，尺寸越大代表动力越大，尺寸大小一般以英寸来表示。

不过用在航拍上，速度快不见得一定有实质帮助，另外电机的设计跟桨本身有着搭配及适用性的规格设计相匹配，不可以随意变更螺旋桨的尺寸。

> **注意** / 螺旋桨的另一个规格是螺距：Pitch，代表螺旋桨转一圈可前进的距离，也以英寸来表示。

- 桨片的固定方式有自旋、自紧、快拆等

- 桨片的大小跟电机规格有关

11 航拍机的电池越大是不是寿命越长？

对于航拍机来说，是不是规格上容量越大的电池越好呢？

 电池的使用寿命是通过充电循环次数来做计算的，不同品牌的电池都相似，市面上有些智能电池的循环规格大约是 6 个月或 200 次。

电池容量更大是否能使用更久、更多次，其实不能这样计算，电池容量大小跟使用的次数其实没有太大的关联，不管你的电池是 2Cell、4Cell 还是 6Cell 容量，都是以循环的次数来计算寿命（一般电池可循环 200 次就已经算是很耐用了）。

- 目前智能电池已较为普遍，电池上可以直接预览剩余电量

12 航拍机可以帅气地自动跟着我飞吗？

当我在骑车、开车时，有没有可能不需操控，让航拍机自动跟着我的身影飞行，甚至跟拍我并拍出美丽的画面呢？

答 我的无人机是否可以从空中一直跟着我沿着海岸骑行单车遨游？

基本上是可以的，因为现在有些航拍机有这种自动"跟随"的功能。只是需要有一个接收器跟着我们所骑行的单车罢了，所以只要将一个媒介（例如：遥控器/传输盒之类）放在你自己的背包内带在身上，就可以一边骑行一边让航拍机跟随了。

当然电影中那些愉快的骑行画面，其实大部分是有专人在旁边操控才拍出来的。

- 用 xiro 的航拍机使用智拍模式，指定人物做跟随拍摄

航拍机除了遥控还可以声控吗？

航拍机有哪些操控方式？除了手机与遥控器外，还有没有其他神奇的操控方法？

答 目前市售的航拍机，主要有两种控制方式，一种是手机控制，通过 Wi-Fi 来操作航拍机；另一种是遥控器控制，通过 2.4GHz、5.8GHz、Wi-Fi 等传输方式来控制航拍机。

也听过有用手表控制的，目前多以安卓系统更改软件来对应无人机的界面，不过手表的操作大致上只能以简单动作为主，毕竟手表上的屏幕较小，按键也少，使用手表操控为了好玩有趣的成分居多，如果真要细致地操控，应该还是有困难，最多是给它设定好指令直接执行。

至于声控的方式，目前还没实际看到过，就让我们一起期待看看啰！

14 多台航拍机可以同时起飞吗？

当我和家人朋友一起外出玩航拍机时，我们的航拍机可以多台同时起飞吗？可以让一群人操控彼此的航拍机一起体验飞行吗？

答 在传输频率上只要没有互相干扰，同时起飞的想法是可以完成的。

不过还是要注意一下不同品牌及不同机型的信号问题，尤其是 Wi-Fi 信号互相之间的干扰问题。

依照 Dji Phantom 系列来分析，信号信道可以分为 13~20 个位置来使用，理论上可以有 8 台航拍机一同起飞，只要信道切换开来，要一起起飞是可行的。

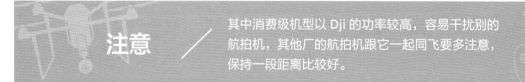

注意 / 其中消费级机型以 Dji 的功率较高，容易干扰别的航拍机，其他厂的航拍机跟它一起同飞要多注意，保持一段距离比较好。

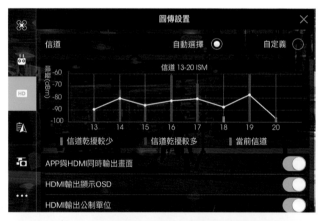

- 在 DJI App 的 Dji Go，于图传设置处，可看到目前信道状况

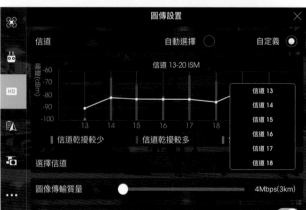

- 选择自定义，即可变更信道的设定

航拍机防水吗？下雨时也能让航拍机起飞吗？

外出航拍遇到下雨，实在很扫兴，这时候我可以硬是让航拍机起飞吗？

答 很多朋友都听说航拍机可以防水，觉得真是太神奇了，我在这里整理一下真实的解答，大家千万不要因为相信道听途说的消息，导致你的航拍机损坏。

多轴航拍机运转的同时，螺旋桨的高转速足够将小雨丝甩开，让机身不至于真的被雨水溅湿，但是雨量过大时却不足以让螺旋桨将每一个雨丝都借由离心力甩开，因此下雨时真的不适合飞行，何况云台、相机、主控板等进水的话就麻烦了！

电子产品只要受潮，很快就会有短路的可能，就算阴天飞行或在有可能碰到雾气的环境飞行，都要一回到家就快点处理。

另外，小编还使用防潮箱来保护飞行后的航拍机们。主要是防止飞机的电子零件内部受潮。

• 300 L 的大型防潮箱一次可放 3 ~ 6 台消费级航拍机

16 航拍机可以穿越山洞或桥梁吗？

航拍机大多很依赖 GPS 等定位系统来飞行，那么如果要穿越像是山洞、桥梁底下等定位信号不好的地方，有没有可能继续飞行？可以这样做吗？

 穿越受局限的空间算是进阶的飞行技术之一，当然想要穿越山洞或是桥梁是可以完成的。

只是在飞行过程中操作者要控制得宜，在穿越的同时，GPS 接收状态一定会被遮蔽从而使飞行受到影响，这时候记得要切换"姿态模式"（又称为"手动模式"），也就是不依赖 GPS 定位系统来飞行。

但千万不要自我感觉良好，认为一切都在自己的控制范围内，因为切换"姿态模式"还要考量现场的风向、风力偏差等多项因素。

● 这是在新竹的一座小桥墩，经过桥下时 GPS 的信号立即减半

- 开阔的地形当然是操控航拍机最好的场所，信号也最好

- 如果要飞越山洞桥梁等特殊场所，就需要具备熟练的飞行技巧才能良好掌控

17 影像存在哪里？可以录像拍照多久？

航拍机使用什么存储卡？以航拍机的拍照摄影规格，存储卡一般可以存储多少航拍机的影像？

答 航拍机一般都以使用 Micro-SD（TF）卡方式存储影像，少数低端机型才把影像存在手机本身，存储卡的位置多半放在无人机飞行器的相机或云台附近，卡片有点小，要特别注意存放。

另外，除了存储卡本身很小之外，还要注意按压到就会弹起的问题，小编曾经遇过卡片弹起的状况，现在都会在上面贴一小段胶带以作保险。

- 笔记本电脑常见 SD 卡插槽，Micro-SD 卡通过右边的转接卡也可以直接用在 SD 卡插槽上

1 张 16GB 存储卡装在航拍机上可以录像多久？可以拍多少张照片？直接附上图片供读者们参考。

- 1 张 16GB 的卡可以存储长达 42min 的录像

- 1 张 16GB 的卡可以存储 JPEG 格式图片 3200 多张，或是 RAW 格式图片 710 张，或是 JPG+RAW 格式图片约 585 张

18 航拍机会不会飞到一半画面消失？

航拍机的即时预览画面信号能一直保持稳定吗？有没有可能预览画面信号中断？什么情况下会遇到这种状况？

答 为什么会遇到预览画面消失的状况？

因为市面上销售的航拍机大多通过 Wi-Fi、2.4GHz 等无线传输方式传输信号，这些方式只要遇到遮蔽或干扰就可能会导致信号减弱中断。

例如飞行到建筑物后方，信号一旦被遮蔽住，首先就会出现 FPV 即时预览画面消失或闪烁的现象，但是遥控器的信号并不一定会立即消失，因为通常画面信息都是第一个被挡下的。

在飞行的过程中，建议飞友们千万不要贪图一时的方便想要飞过建筑的后方或是想要做其他的极限挑战。

- 如果不小心飞到高楼大厦的后方，航拍机的即时预览信号是有可能被遮蔽中断的，虽然这时候还不表示就会失控坠机，但新手很容易手忙脚乱，要注意这一点

航拍机很容易失控吗？

如果航拍机信号容易因为遮蔽而中断，那是不是表示航拍机很容易失控坠机？还是说其实航拍机很稳定呢？

 大多数的坠机状况，都是因为操作者紧张到不知如何应对，直觉地压下油门杆，逼迫航拍机直接降落，或者立刻关掉遥控器的电源造成的。

其实当飞行到一半画面消失的时候，并不会立即造成无人机失控而坠机，只要大家保持冷静，大部分的坠机情况是可以避免的，至于要如何应变，本书后面的章节会教大家怎么做。

20 遥控器失联后，航拍机会自己飞走吗？

航拍机会不会很容易和遥控器失去联系？一旦失去联系，是不是就表示航拍机会随便乱飞？还是有什么解救方法？

遥控器失联，大家喜欢称为"失控"，就是意指遥控器无法控制航拍机。

这时候切记一个原则：不要慌张不要急，大部分情况都是能被处理的。

失控时，有些情况航拍机会悬停在原点，有时会往上飘，最好的方法就是使用"一键返航"的功能，但是每家产品设定上都有所不同，需要先行确认自己使用的无人机在返航时的重要注意事项。

总之不要太担心，航拍机现在已经很聪明、很好飞，只要我们搞懂它的操作技巧就不会出大问题，后面我也会介绍让飞机自己飞回来的方法。

• 航拍机失联，有时候跟航拍机的遥控距离有关，例如图中这台航拍机是 Wi-Fi 传输，遥控范围为 600 ～ 800m，一旦超过范围就比较容易失去联系

21 可以用手机操作航拍机吗？

如果我不想带遥控器，可以用手机来遥控航拍机起飞和航拍吗？

答 目前操控无人航拍机的控制方式主要还是以遥控器的方式为主，当然部分机型是可以通过手机来操作的，后续介绍机型时会特别提到。

手机操作非常方便，航拍机都已经轻量化，如果只用手机就能操控，那也就更方便携带。出国的朋友如果想带航拍机出去飞，又想减轻重量，可以参考。

当然，使用遥控器虽然多了一台设备，但在操控性与功能上还是更细致、专业的。

• 用手机当遥控器的操作画面

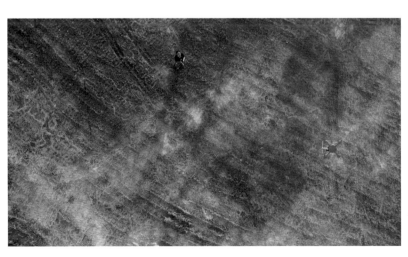

• 使用手机控制无人机飞行，一样可以拍出精美的航拍照片

22 航拍机可以飞多快呢?

航拍机的飞行速度重不重要? 我可以让航拍机飞多快? 飞快一点有什么优点或缺点?

 平均来说：无人航拍机的速度可以达到 10~16m/s，也就是时速 36~60km（在"姿态模式"，现场无风的状态时）。

但是飞行速度快并不会对拍摄的画面有绝对正面的帮助，尤其是在为了加快速度而倾斜往前飞行的时候，前方的螺旋桨很容易就会出现在画面的上半部分。因为在快速往前飞行的同时，机身是倾斜向下的状态，这时航拍画面中就常常会出现螺旋桨叶片。

● 全速前进下通常会看到螺旋桨叶片出现

23 航拍机会飞到一半忽然掉下来吗?

航拍机会不会飞到一半不受控制掉下来? 会不会因为没注意到电力就忽然没电掉落?

答 要踏入航拍领域的新手朋友们经常会问到这个有趣的问题，航拍机飞到一半会不会掉下来?

无人飞机在空中飞行除了存在外力的影响，飞机没电或是自己去撞树以及大楼也是有可能的。其实（以大厂牌机型而言）航拍机是很少因为不明原因而飞到一半掉下来的。

大部分的机型在电力快要耗尽的时候都会提醒玩家应该回来了，不然就要没电了。

这类机型就算没电的时候也不会直接掉下来，在无人机的设定上大都会自行启动返航回到 HOME 点的机制。

● 国外最常见的航拍机坠机原因，就是被大鸟们击落

注意 / 航拍机忽然掉落的原因，还包括机器设计不良、自组 DIY 型无人机的接线错误、电池老化等问题。

注意 / 我有一个很好的朋友，在三仙台飞航拍机的时候，飞行距离 100m 余，航拍机却突然掉下来，但是还有电力，也不清楚为何会掉下来，经过判定后应该是被击落，例如被鸟类踢下来，或是被人类攻击弄下来，就等于是外力撞击所致。

24 航拍机飞行过程中容易飘移吗？会影响航拍吗？

我看到有些航拍机飞行时会有一些轻微左右飘移的动作，这是为什么？是不受控制吗？会不会影响航拍画面的效果？

答 当无人机在空中的时候，如果是使用 GPS 模式，飞控系统是一直在协助飞行器做准确定位的。所以风力过大的时候，飞机机身会做修正的动作，这时看到的飘移拉回现象是很正常的。

那么需要担心航拍画面吗？其实如果有三轴的稳定云台，画面还是可以保持稳定水平的。

- 把悬停在空中的无人机往右侧拉走

- 放掉无人机以后，因为 GPS 定位修正，便自动往回移动

- 最后无人机会回到原本悬停的位置

25 航拍机如果飞不见了会自己回家吗？

如果航拍机飞到我看不到的地方时，我还可以控制它自动回家吗？

 现在多数的航拍飞行机都有定位的功能。在你起飞的同时，就会将返航位置记忆下来。目前这项功能基本上已经是很多中阶以上机型的标准配备了。

所以你的航拍机飞到你看不到的地方或是找不到你的无人航拍机时，通常只要启动"自动返航"功能，无人航拍机就会遵照着当下的位置，直接回到当时所记录的 HOME 点，也就是出发的地点。

注意 / 自动返航的设定需要特别注意，要依照你当时的环境去判断你要设定的回来时的高度。如果过低就会造成回程时撞到建筑、树枝的后果。

- 记得起飞之前要确认一下你的 Home 点是否是在你的起飞点

26 新手不怕丢掉航拍机，如何做好安全 SOP（标准作业程序）？

新手最担心的就是航拍机飞不回来了，所以第一课的最后，就让我来解答如何设定航拍机的自动返航。

答 航拍机会失控基本上有几种可能，其中 GPS 信号突然减弱，或是飞控系统方位球异常发生的可能性较大。

GPS 信号突然减弱时可以从 GPS 模式自动切换变成"姿态模式"状态，这样并不会导致失控（大多数新手在操控航拍机飞行时，经常会因为发现没有悬停功能就认为是失控了）。在这个状态下，如果担心请直接按下"自动返航"航拍机就会自己飞回来了。

飞控系统方位球异常主要是移动方向错位，这个问题很容易造成控制者肾上腺素的快速提升。小编第一次遇到的时候也是满头大汗。但是应对的处理方式一样是启动"自动返航"功能。

所以下面有基本的 SOP 分享给大家：

1 因为担心撞击附近树林、电线、桥梁或是房屋，所以第一个动作要尽量提高高度（以让航拍机不撞到任何东西为原则）。

2 在升高的过程中，试着将航拍机控制在自己能目测的上空，尽量不让航拍机飞远。

3 尽快按下"自动返航"让航拍机飞控系统导入回到起飞点的位置。（所以每次启航之前都需要再三确认起飞点即返航点，这个动作非常重要）

- 不少航拍机都直接在遥控器上设计好快捷"返航键"

第 2 课

飞上蓝天，帮入门者解析航拍机的问题解答

01 怎么选择我的第一台航拍机？

在第一个章节里这本书解答了我对航拍的各种不敢下手的疑惑，我现在决定要买一台航拍机了，这时候我还需要知道些什么？

 建议可以从几个方向来思考如何下手：

家庭娱乐需求：我买航拍机是用来家庭出游时记录生活的吗？

飞行飙速需求：我是想要享受速度快感的吗？

体验航拍之美需求：我是从摄影拍照转而想要体验航拍之美吗？

专业摄影需求：我想用航拍机拍摄专业的影片照片素材吗？

可以从上面几种方向来考量，挑选最适合的一台。

要找一台全方位的机型也不是不行，就是要看自己的需求，在购买的同时也要考虑周边配件，例如：装载的背包、备用的电池、航拍机的其他周边配备（偏光镜片、保护帽、镜头盖等）。

后续我们会针对消费者的需求一一解答。

● 航拍机选购不分男女，只要用得开心适合就是好

02 买一台航拍机大概要花多少钱呢？

我看航拍机有贵的也有便宜的，如果就以航拍为目的来看，大概什么区间的价位是我应该考虑的？

答 目前市面上的机型多到令人眼花缭乱，由小台练习机到专业拍电影用的都有，价位从500 ~ 50000 元不等，其中以 5 000 ~ 10 000 元价位的航拍机为最多人选择，也最符合航拍摄影的基本需求。

• 航拍机展示

◯3 入门练习者该选哪台航拍机？

为了让大家清楚自己的需求定位，分别适合哪些航拍机，我特别将需求分成不同问题，让大家明确找到适合自己的机型。

 目前市面上的航拍机琳琅满目，常常让消费者不知如何选择，其实在采购之前可以根据这几个方向来进行筛选，下面我们会为大家一一介绍。

首先就是建议刚开始接触的新手，选择入门款的机型来做练习。

这些机型的价格是入门消费者比较可以接受的，在 500 ~ 1400 元之间，虽然入门款机型画质及稳定性较低，但是它单价低、轴距小、动力小，室内练习也方便，安全性也较高。

部分机型还可以用手机来预览画面，跟高端的航拍机操作逻辑很相近，下面就是我们推荐给入门练习者的机型。

这些机型遥控器距离的实测值都是 10 ~ 30m 之间，单颗电池的使用时间在 6 ~ 10min 之间。

● 可以带我飞吗？（来自囧大狮）

Skytech M66mini

- ★ 机型　　　M66mini
- ★ 机身尺寸　10cm × 10cm × 9.5cm
  （长 × 宽 × 高）
- ★ 相机规格　没有相机
- ★ 图传　　　没有图传功能
- ★ 控制界面　遥控器
- ★ 特色　　　球状护网既可以保护桨片，又能在地上及墙面滚动行走

- 红色、橘色都讨喜

ALIGN M424 v2

- ★ 机型　　　M424 v2
- ★ 机身尺寸　20cm × 20cm × 5.0cm
  （长 × 宽 × 高）
- ★ 相机规格　没有相机
- ★ 图传　　　没有图传功能
- ★ 控制界面　遥控器
- ★ 特色　　　操控性能好

亚拓练习机
配上 AT100
遥控器

- AT100 的遥控器，便宜好用

DFD F181 / F183

- ★ 机型　　　F181 / F183
- ★ 机身尺寸　37cm × 37cm × 9.0cm
  （长 × 宽 × 高）
- ★ 相机规格　200 万拍照像素 /HD 录像
- ★ 图传　　　没有图传功能
- ★ 控制界面　遥控器
- ★ 特色　　　最稳定、耐用的内置相机款式

卖得最好的内置镜头练习机

- 左上是 183，右下是 181 红

LS M9059

- ★ 机型　　　M9059
- ★ 机身尺寸　30cm × 30cm × 6.0cm（长 × 宽 × 高）
- ★ 相机规格　200 万拍照像素 /HD 录像
- ★ 图传　　　手机即时预览
- ★ 控制界面　遥控器 / 手机两用
- ★ 特色　　　最便宜的遥控 + 手机（双控），有内置即时预览功能，直接将录制画面存储在手机的内存里

最新上市的鹰眼双控机

WLtoys V686G

★ 机型　　　V686G

★ 机身尺寸　36cm × 36cm × 10cm（长 × 宽 × 高）

★ 相机规格　200 万拍照像素 /HD 录像

★ 图传　　　内配 5 英寸屏幕提供预览

★ 控制界面　遥控器

★ 特色　　　最便宜的内配 5 英寸屏幕图传机型，直接将录制画面存储在相机的 Micro SD 存储卡内

便宜
又有精美的
图传系统

04 喜爱竞速飞行的玩家该选哪台航拍机？

热血竞速型单机价格约为 2000 ~ 3500 元，也是一般玩家就能轻松上手的价格，玩家可以直接感受遥控竞技的快感。

答 当红的穿梭机、穿越机，是充满速度感的机型设计，搭配头戴式视频眼镜让人马上拥有第一人称视角的临场感受，这类型小编涉猎较少，以下就推荐 2 台小编自己使用过的机型及一台刚发布的未来机型。

ALIGN MR25/MR25P

> **目前总缺货的大热型号**

- ★ 机型   MR25/MR25P
- ★ 相机规格   500 万 拍照像素（Micro SD，最大支持 32GB）
- ★ 摄影规格   Full HD1080p 30FPS/720p 60FPS
- ★ 镜头效果   90° 视角
- ★ 飞行时间   10min 左右
- ★ 标配电池容量 1300mAh 11.1V
- ★ 机身尺寸   19cm × 19cm × 7.3cm（长 × 宽 × 高）（带室内外壳）
- ★ 重量   410g（不含电池）
- ★ 控制界面   遥控器
- ★ 遥控距离   1000m

• 低风阻流线造型防泼水外壳，采用轻量化、高强度、耐冲击 ABS 工程塑料材质，具备超强防护性能，给无人机最强有力的保护。

Xiro xplorer

此型号分为 3 个版本

xplorer（单机版）：作为入门练习使用

xplorer V（航拍版）：内附相机模组的航拍版，最为市场所接受

xplorer G（GoPro 云台版）：可选购安装 GOPRO/SJCAM 同等尺寸相机

★ 机型 xplorer v（航拍版）

★ 相机规格 1400 万 拍照像素

★ 摄影规格 Full HD1080p（30fps）/ 720p（60fps）

★ 镜头效果 140/110/85 度镜头转换 f/2.8

★ 飞行时间 25min 左右 ★ 标配电池容量 5200mAh

★ 机身尺寸 30cm × 30cm × 16cm（长 × 宽 × 高）

★ 重量 1200g（包含电池 / 相机）

★ 控制界面 遥控器 ★ 遥控距离 500m

注意 / Xiro xplorer 本身有三个机型，单机版、航拍版、gopro 版，此机型的特色就是轻巧且操作灵敏，有不少玩家将它拿来做练手用，飞上飞下尽情穿梭。

- 造型时尚的飞镖机
- 中间是相机模组
- 精巧的遥控器

未来机型！即将上市的 Parrot DISCO

首款消费级
固定翼无人机
可分离式机翼设计
更方便携带

- ★ 机型　　　DISCO
- ★ 相机规格　1400 万 拍照像素（Micro SD（最大支持 32GB））
- ★ 摄影规格　FullHD 1080p
- ★ 镜头效果　90° 视角 / F2.3 光圈镜头
- ★ 飞行时间　45min 左右 / 飞行速度最高约 80km/h
- ★ 机身尺寸　19cm × 100cm × 5cm（长 × 宽 × 高）
- ★ 重量　　　700g
- ★ 控制界面　手机（Free Flight APP）/ 遥控器
　　　　　　　相容 Sky Controller 距离达 2km
- ★ 遥控距离　300m（Wi-Fi 操控时）

- 机翼设计为可分离式

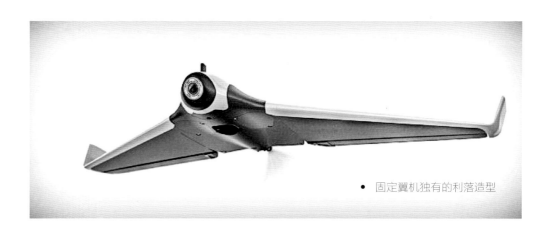

- 固定翼机独有的利落造型

05 家庭娱乐与出游最适合什么航拍机?

户外旅游合家欢乐型的航拍机，主要是可以跟家里老小互动且操作简易， 适合亲子玩乐，其中有使用手机来操控的，通过手机 App 可以即时观赏录制画面，也有使用遥控器操作的，还有部分机型有特别的体感模式，非常适合全家大小共享同乐。

答 家庭娱乐机型价格依照不同的配套装备，在 3000 ~ 6000 元之间。另外，家庭娱乐机型也通常很适合旅游携带，每次出门或到了另一个国度，我都期待可以从不同的视角来看这个国家，但是往往在旅游的过程中，除了想要捕捉最美好的画面，更重要的是希望设备轻便好携带。

Parrot: BebopDrone 手机版

特色 携带方便，遥控距离较短

BebopDrone+Skycontroller 遥控版

特色 体积较大，遥控距离较长

重点功能：

- 三轴图像稳定系统
- 双核处理器
- 高强度轻量级设计，安全可靠
- 1400 万像素
- GPS 自动返航功能
- 可指定飞行计划

注意

Parrot BebopDrone: 利用 iOS 或 Android 手机作为遥控装置，操作简单，可以加装保护用室内外壳，稳定的三轴影像系统，即使把整台机器翻转也可以如常拍摄，机身材质由玻璃纤维组成，重量极轻，在携带上比较没有负担。
值得注意的是此机型的抗飞性较弱，在风感明显的地方不建议使用。

- ★ 机型　　　　BebopDrone（手机版）
- ★ 相机规格　　1400 万 拍照像素（内存 8GB）
- ★ 摄影规格　　Full HD1080p（30fps）
- ★ 镜头效果　　鱼眼摄像头 / 可进行 180 度镜头转换 /f/2.2
- ★ 飞行时间　　11min
- ★ 标配电池容量 1200mAh
- ★ 机身尺寸　　38cm × 33cm × 3.6cm（长 × 宽 × 高）
（带室内外壳）
- ★ 重量　　　　490g（带室内外壳）
- ★ 控制界面　　手机
- ★ 遥控距离　　250m

- 娱乐型，第一次
使用也能操作

- ★ 机型　　　BebopDrone+Skycontroller（遥控版）
- ★ 机身尺寸　38cm × 33cm × 3.6cm（长 × 宽 × 高）（带室内外壳）
- ★ 重量　　　1550g（包括遮阳板、强波型遥控器）
- ★ 控制界面　遥控器（增加了快捷键）
- ★ 遥控距离　使用强波遥控器距离增加到 2km
- ★ 特色　　　加配了背带及屏幕遮光罩

- 加上强波遥控器及外出背包

Free X 一般航拍版

Free X FPV:FPV 航拍版

特色 FPV 航拍版的遥控器内置 4.3 英寸显示屏幕

重点功能：
- 定高悬停
- 自动返航
- 失控保护设计
- GPS 与姿态飞行
- 智能飞行 / 无头模式
- 低电压 LED 灯预警

注意 /

Free X 由拥有 10 多年经验的台湾专业团队经过长时间研发于 2013 年年底完成。

Free X 是市面上最便宜的可搭载 GoPro 等小型运动摄影机的 2D 云台机型，航拍相机的品质可依照自己搭配的摄影机型号而定，升级空间高，云台本身可拆下来当做练习机也可以换上海钓挂勾器当海钓机用。

但是不能用手机当界面，可控制的相机参数较少，操作上也少了直觉性互动画面。

★	机型	FreeX / Free X FPV
★	相机规格	可加装 GoPro/sjcam 等小型运动相机
★	摄影规格	视加装何种相机而定
★	镜头效果	视加装何种相机而定
★	飞行时间	12min / 16min
★	标配电池容量	3000mAh / 5400mAh
★	机身尺寸	28cm × 28cm × 21cm （长 × 宽 × 高）
★	重量	1320g 含电池（含云台及相机）
★	控制界面	遥控器
★	遥控距离	1000m

- 小巧利落的流线外型

Dji Phantom P3 Standard

特色 使用内置的镜头，大厂的飞控稳定，市场的接受度很高。

重点功能：

- 自动飞行辅助系统
- 三轴稳定云台
- 智能飞行记录

- 1200 万静态像素
- 高精准的飞控系统
- 优化的智能操控

- 2.7K 高品质录像
- 全面掌控相机设置
- 自动飞行辅助系统

注意

Dji 深圳大疆创新科技有限公司，简称 DJI 大疆创新，从无人机飞控系统，多轴云台到高清图传，其产品在全球占比最高，该厂以飞行影像系统为核心发展方向，并不断融入新的行业应用，是全球航拍机第一大厂。

Dji Phantom 应该是目前市面上最多人使用的一个系列了，具备了精准的飞控系统、稳定的相机云台、高画质的镜头、清晰的实时图传以及直觉性的控制界面。

P3S 的最大问题是使用 Wi-Fi 信号连接，在图传的距离上会较短。

★	机型	Phantom P3 Standard
★	相机规格	1200 万 拍照像素
★	摄影规格	2.7K: 2704 x1520p (30) FHD: 1920x1080p (30) HD: 1280x720p (60)
★	镜头效果	94° 20 mm（35 mm 格式等效） f/2.8
★	飞行时间	25min
★	标配电池容量	4480mAh
★	机身尺寸	29.5cm × 29.5cm × 19cm （长 × 宽 × 高）
★	重量	1240g
★	控制界面	遥控
★	遥控距离	1000m

想要达到最完美的航拍表现应该选择哪种航拍机？

通过不同的构图角度、拍摄方式，以及运镜技巧，将眼前的美景尽收机下，想要达到最完美的航拍表现，我应该选购哪种航拍机呢？

 想要有更高的画质表现，只能在硬件上面提升，所谓工欲善其事必先利其器嘛！此类型的航拍机是业余玩家的最爱，品质高，但是价格不会太夸张，在 6500 ~ 12000 元之间。

- 飞控系统稳定，连没有基础的女性飞手也可轻松驾驭

1.Dji Phantom P3 Advanced 中阶款
2.Dji Phantom P3 Professional 高阶款

特色 Phantom系列的Advanced & Professional 这两款机型在航拍业界深受好评，是要一次到位用 4K，还是选择目前最普遍的 1080p 录像，两者都是很好的选择。

重点功能：

- 自动飞行辅助系统
- 三轴稳定云台
- 智能飞行记录
- 1200 万静态像素
- 高精准的飞控系统
- 优化的智能操控
- 2.7K 高品质录像
- 全面掌控相机设置
- 自动飞行辅助系统

	Phantom 3 Professional	Phantom 3 Advanced
特点	内置 DJI Lightbridge 高清数字图传，传输距离可达 5km	内置 DJI Lightbridge 高清数字图传，传输距离可达 5km
充电器规格	100W 充电器	57W 充电器
飞行时间	约 23 min	约 23 min
感光元件	Sony Exmor R BSI 1/2.3 英寸 CMOS，有效像素 1240 万 FHD: 1920x1080p 24/25/30/48/50/60	Sony Exmor R BSI 1/2.3 英寸 CMOS，有效像素 1240 万 FHD: 1920x1080p 24/25/30/48/50/60
录像解析	UHD: 4096x2160p 24/25，3840x2160p 24/25/30	2.7K: 2704x1520p 24/25/30 (29.97)
镜头	FOV 94°20 mm（35 mm 格式等效）f/2.8	FOV 94° 20 mm（35 mm 格式等效）f/2.8
遥控距离	CE: 3500 m FCC: 5000 m（开阔室外无干扰）	CE: 3500 m FCC: 5000 m（开阔室外无干扰）
图传码流（最大）	Phantom 3 Professional：10Mbps	Phantom 3 Advanced：2Mbps
图传预览画质	HD 720P @ 30fps（取决于实际拍摄环境及移动设备）	HD 720p @ 30fps（取决于实际拍摄环境及移动设备）

3. 3DR SOLO 云台版

特色 Solo 可以在环景时电脑自动调整云台俯仰对准目标，此项功能大幅提高了运镜的专业与平滑度。

重点功能：

3DR 所强调的特点主要是简单容易上手，尤其智能飞行包含了：

• Cable Cam：自定航线在空中架了一个隐形轨道，飞机可在轨道自动飞行
• Selfie：自拍功能，可以设定高度与距离飞到定点自拍后返回
• Orbit：环绕模式圆心半径自动飞行，圆心可以直接在地图上直接拖拽
• Follow me：跟随功能，飞机自动根据遥控器定位跟随飞行

注意 / 对于已经习惯 GoPro 广角的人来说，3DR Solo 是不错的选择，以 GoPro Hero 3 ／ 3+，Hero 4 银黑版本来当作航拍相机，很多 GoPro 界面与参数都只有 3DR 可以让你在空中调整控制。

• 3DR SOLO：搭配 GoPro Hero 3、Hero4 拍出想要的画面

4. ALIGN M470 航拍版

特色 跟上面的 3DR SOLO 相近，但是除了 GoPro 以外还可以装载不同的相机上去，M470 的设计是自组型，升级空间大，载重能力也较高，另外本机的抗风性能也非常强。

重点功能：

- 航拍版 G2 云台专为 GoPro 量身打造，内置多种操控模式
- 多轴用电机 -BL4213 370kV，扭力高、省电、温度低，动力输出充足
- M470 空载可飞行约 20min，也可以换上其他容量更大的电池
- 全新的 APS-M 飞控系统，稳定性高、功能多、可靠度高
- 具备多种飞行模式（姿态、GPS 速度、GPS 角度、智能、手动）
- 自动返航与失控保护返航、低电压保护功能
- OSD 信号输出、云台控制、定点环绕功能

07 晋身职业接案达人要买哪种航拍机？

如果我想要更好的画质并可将其提供编修，甚至也想接航拍相关工作，有什么适合的航拍机型？

 为适应不同业主在超高画质及特殊画面的指定与要求，制造商设计让航拍机能够将各种单反相机、摄影机及不同的镜头送上空中取景。

航拍运用在电影、MV、广告制图等方面已经越来越常见，这些专业领域使用的航拍机属于硬件开放式系统，也就是可以加装各种不同的应用设备：摄影器材载具、各式电池、影像传输器、信号传送器、监控镜头、双控系统等。

这类航拍机的最大卖点是稳定、抗风、可改装、可载 3kg 以上重物、可用全手动操作来实现高精度的指定运镜技巧。

所以下面的介绍就不在规格上做比较 ，只分享市场上评价高的几台，简单推荐 5 款使用最为广范的职业机型。

它们的价格区间为 2000 ～ 15000 元。

• DJI S900 可搭配各种相机载具

DJI S900

特色：六轴旋翼，资深玩家爱用的专业级载机，便携、安全稳定，广泛应用于专业航拍领域

DJI 1000+

特色：八轴旋翼，主要结构均采用碳纤维复合材料，机身结构强，同时也减轻了重量

- DJI S1000+ 图为空机未加载任何云台

> **注意**　DJI 大疆创新是目前航拍机的最大龙头。旗下的筋斗云系列，所有机臂均可向下折叠、使整机运输体积最小化，方便运输携带。

ALIGN M480L

特色：四轴旋翼，系统稳定，载重力强、飞行时间长，可快速收折电机轴管，收纳更便利

- 亚拓 M690L 空机图示

ALIGN M690L

特色：六轴旋翼，高速运动飞行稳定，兼具航拍、娱乐、休闲等多用途的专业 6 轴机

- 亚拓 M480L 空机图示

> **注意**　ALIGN 亚拓是台湾地区的无人机大厂，自 2004 年 7 月起，该厂陆续以自行研发的直升机扬名世界，近年来该厂的专业多轴机也都具备全金属自动收脚架功能以方便 360 度取景。

Freefly ALTA

特色：专门为想把专业摄影机升航拍摄的摄影师所创造，具备可折叠碳纤维螺旋桨和管，折叠后可缩小 33%

- ALTA 云台可在上方也可在下方

- ALTA 折叠后可缩小 33%

> **注意**　FREEFLY 是来自美国的航拍机大厂融合了艺术与现代科技，拥有来自世界各国的顶尖团队，致力设计生产使相机拍摄不受限的设备，是首个将摄影机安装在 ALTA 上方的厂家。

08 航拍录像画质要如何选择？

目前航拍机的机型有些可以调整为 **720p/1080p/2.7K**，甚至 **4K** 规格的画质，但是在使用上该如何调整？主要是看使用的应用层面吗？

 720p 放在数码相框、网格、软件分享层面其实已经很足够。

1080p 算是目前最普遍的规格，高清画质，也是最建议的一个选择。

4K 是个又爱又恨的选项，因为我们都期待更高更好的画质，但是 4K 规格每秒片幅大多只有 24 张，航拍机飞行速度全速可达 36~80km/h，4K 规格下会有画面卡顿的现象出现，另外对计算机的配置也有较高的要求。

还有最后输出电视屏幕是否支持 4K 的问题。所以在软硬件都要同步升级才能处理、编辑、观赏的情况下，4K 目前来说不普遍。

		录像分辨率	每秒帧数
4K	UHD	4096x2160p	24/25
		3840x2160p	24/25/30
1080p	FHD	1920x1080p	24/25/30/48/50/60
720p	HD	1280x720p	24/25/30/48/50/60

航拍画质选项后面的 24/60p 是指什么？

录像规格除了可以调整 720/1080/4K 之外还可以看到后面有一个 24p/30p/50p/60p，这是什么意思？

 这个部分主要是：

24 FPS = 每秒有 24 帧画面

30 FPS = 每秒有 30 帧画面

50 FPS = 每秒有 50 帧画面

60 FPS = 每秒有 60 帧画面

人眼会有所谓的视觉暂留现象，会把连续播放的单张图片变成连续的动画，每秒 10 帧以下，会觉得有明显的闪动，16 帧以上才是觉得那是动画。

简单来说，每秒帧数越多，画面就会越流畅，目前 4K 只能支持到 24p，所以在空中如果飞行速度太快，很容易就会发生卡顿的现象。

小编在飞行时，尽量都选择 60p 来录制影像。毕竟画质在 1080p 的等级，已足够使用，这时流畅度的表现，就更显重要了。

10 如何挑选适合携带航拍机的背包？

在购买航拍机的同时，一定记得要找一个适合自己的背包，每个人的喜好不同，要找到一个适合自己的外出飞行包真的很重要，记得考虑到要装载的其他周边喔！

 除了一般背着到处跑的背包之外，很多朋友不希望一直拆飞行器的螺旋桨，希望到了就可以拿起来飞行。常开着车到处去，没有背在身上的需求也可以参考硬壳提箱这类商品。

下面就让我用图片跟大家介绍几种可以装航拍机的背包种类，以及一些重点配件功能。

• 通用型后背包，隔间是自由拆装型，可放置航拍机以外的其他器材

• 最基本的专用款后背包，保护你的无人航拍机，让它可以陪着你上山下海

- 硬质的铝箱是很多露营喜好者的最爱

- 此款为带有拉杆及两个轮子的行李箱型

- 坦克飞行包，舒服好背没负担

- 飞行包虽然体积小，但容量大，连 15 英寸的笔记本电脑及单反相机都可收进包里

注意 / 选择背包款式的时候也要特别注意是否提供有 RainCover 防雨罩，出门在外天气也是重要的考量之一哦！

- 曼富图航拍包，外层有无人机快扣收纳袋

- D1 包款附有防雨罩

11 如何挑选强化航拍机的周边配备？

有关航拍机的周边配件目前市面上的商品大多属于机身保护措施类的产品，那么具体有哪些选择？

答 例如电机保护罩、镜头 CPL（圆偏振镜）、镜头保护盖、存储卡包、无人机防护网、加强无人机机身结构之类的小配件，可以依照个人喜好选择想要加强的部分。

下面我用图片解说的方式跟大家介绍。

• 3D 镜头保护盖

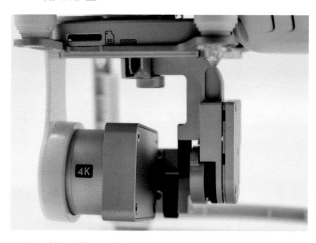

• 保护盖可连带固定云台

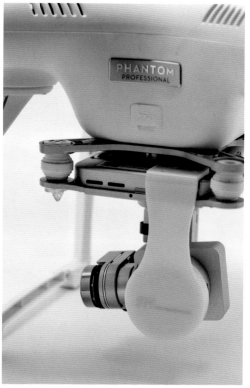

• STO 镜头保护盖

- 帽型遮光罩，可遮挡部分复杂光线

- 上：遮光罩；左：镜头保护盖；右：镜头 CPL

- 专用的镜头滤镜：CPL

- STO CPL 滤镜，可阻绝反光并加强天空的色泽

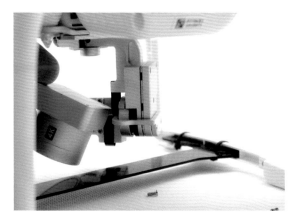

- 上：STO 云台加强架，下：STO 碳纤脚架防护板

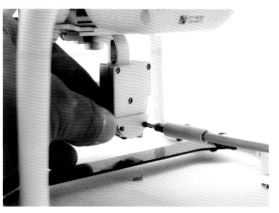

- 云台加强架从后方安装锁入

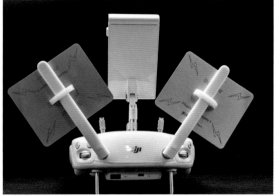

- 桨片用保护网环，可保护电机与桨片，也可加强室内 使用的安全性

- STO 遥控器信号加强器，可增加遥控信号的距离

- 平板屏幕遮光罩，用于在户外观看屏幕

- STO 电机保护盖，避免细小杂物掉入

- 硅胶摇杆头，方便飞手在控制动力杆以及方向杆的时候，感受舒适的触感以及敏锐的动感，并且能够更加细致、精准地掌控飞行时的路线转换、弧度范围，还有速度快慢

第 3 课

驾驭长空，带初学者体验飞行美好的问题解答

01 起飞前为什么一定要校正指南针？

操控航拍机之前，我看到专家们都会拿着飞机转来转去，他们说是在校正指南针，这是什么意思？

答 为何需要转来转去？因为无人机内部设置有一个陀螺仪装置控制的指南针。

但是指南针会因为地理位置不同或受到其他电子设备的干扰，导致数据异常或变动，进而影响飞行，甚至导致飞行事故。

所以经常校准指南针，就是要让飞机保持在最佳、最准确的状态。在校正的时候我们需要拿着飞机做旋转的动作，如下图所示的操作。

• 先以水平的角度自转

• 再以垂直的角度自转

• 最后看信号灯提示是否完成

◯2 请问航拍机可以飞到多高的地方？

航拍机是不是飞得越高越好？一般的机型有没有高度的限制？应该飞到多高比较好？

 这个问题真的很重要，因为我最常被问到的一个问题就是"航拍机可以飞多高？"在这边跟大家说明一下航拍机的飞行高度规格。

要依照各家厂商的设定，通常厂家会将航拍机初始值设定在 120m 的高度，有部分机型则可以另外调整 300 ～ 500m 的高度，当然也还有可飞 700m 以上到数千米高度的机型。

目前我国台湾地区将飞行高度限制为 120m。

想要飞高一点，其实对中阶以上的航拍机来说并不是难事，但想收录的画面是什么才是重点。小编自己也比较少让航拍机飞高，反而是低飞比较多，因为"高于水平线"一点点的角度飞起来拍摄的画面既迷人又有速度感，并且充满张力。

• 高度 120m，新竹新丰的池府王爷庙，向下俯看拍摄

• 高度 60m，往下回到一半的高度，相同的相机角度再拍一张

- 低飞，新竹某桥，当时距离水面约 0.8m

- 低飞，淡水的渔人码头，这时跟水面的距离约 0.5m

03 请问我每次应该计划飞多久?

航拍机的电力有限, 我应该怎么计划每次的飞行? 航拍机可以飞多久?

答 飞行时间的长短跟电池容量大小以及载重有直接的关系, 一般市售电池的容量在 2700 ~ 10000mAh 之间, 航拍机可以飞行的时间为 7~25min, 小编每次飞行的时间都是控制在可使用时间的 80% 以内。

注意

举例, Dji Phantom 3Profession 的飞行时间官方公告为 23min, 所以小编让航拍机飞行到 18min 就回来休息。回程可能遇到阵风或逆风, 让电池消耗得更快, 另外电池的容量会依照使用次数渐渐衰减, 过度使用也会造成电池损坏。

• 航拍机的电池基本上小编都会准备 3 ~ 4 个

• 电池占了机身的一大部分, 图中写着 3DR 的就是电池

请问我可以让航拍机飞到多远？

每个航拍机玩家都想要挑战让航拍机飞到更远的地方，拍到更不可思议的美景，但从安全角度来考虑，一台航拍机到底可以飞多远？

 我们先从目前最常见的传输方式的频率及功率的差异来分析，由于传输的频率可以经由加强功率而达到强波的效果，所以可以依据传输距离简单分为：

1. 一般 Wi-Fi / 5.8GHz
2. 高功率 2.4GHz

理论上功率越大，天线越短，传输距离越远，但是也要看天线的功率强弱。

一般 Wi-Fi / 5.8GHz 频率的机型，多数厂家都号称使用距离可以达 500~1000m，但是我们都知道Wi-Fi 的功率会因为其他频率相近的装置而互相牵引干扰，所以在高密度的Wi-Fi 环境下，这类机型常常与其他装置互抢频率，中断连线，事实上真正的使用距离可能会比原厂给的规格再少个 10% ~ 20%。

注意	少数练习型多轴机采用红外线及蓝牙，传输距离只有10m 左右。

高功率 2.4GHz 传输，这类型的户外高功率传输使用了较高功率的硬件进而加强了接收及发射的范围。

厂商提到目前最远可以传输 5km 的距离！

不过飞行的同时也要考虑航线周边的干扰源，因为这些会使图传以及飞行信号衰减，小编自己实际飞行挑战最远的距离大约是 6km。

关于这些传输功率专有名词如果不懂，我们后面会有问题解答帮大家解惑。

- 雾社的露营区约距离起飞点 2500m

我可以让航拍机自己静止在空中吗？

常常听到很多航拍专家讲到"悬停"这个词汇，为什么这个技巧这么重要？航拍机真的可以静止不动，自己停留在空中吗？

 现在中高阶的航拍机大部分都通过感测系统如 GPS 模组、陀螺仪、气压高度计、加速计等，得以提供稳定的悬停功能，也有些航拍机在定高的功能上又多做了调整设定。

例如 DJI 提供了视觉定位系统，主要可以用在室内没有 GPS 帮忙定位的情况下。

自从有了悬停功能，航拍机在操作上更加稳定及简易了。

• 通过悬停的飞行技巧，可以拍出更动人的照片

06 为什么要远离人群飞行？

当我飞行技术很熟练时，可以在城市或人很多的地方飞航拍机吗？

答 小编每次飞航拍机都会远离人群，原因是操控者就算对航拍机的操作再熟练，仍然会有很多不可控制的外在因素，你不知道何时会发生怎样的状况。例如：地磁干扰，飞行环境磁场变化，强力阵风，电线、树枝、风筝的线等。

小编的观点是，在空旷的位置如果出了意外，最多就是损失航拍机，还不至于会涉及有关第三人身安全的民法问题。

之前就有先例整理分享给大家：

2011 年 6 月：新北市新庄区河岸边有一位男士在玩遥控飞机时，飞机空中对撞，机身爆炸坠落，烧伤一名骑单车的六旬男子。这是自 2008 年起首个无人机坠毁伤人的案例。

2013 年 6 月：永和河滨公园，廖姓男子操作无人机撞伤骑单车的陈姓女子，因未和解，被判拘役 30 天。

2013 年11月：一架航拍机疑似在桃园市某社区偷拍，失控坠毁；警方虽找到持有人，但无法可管。

2014 年 1 月和 5 月：高雄和屏东都发生航拍机意外，高雄航拍机失控坠毁在马路上起火，惊动消防局赶往灭火；屏东航拍机撞击窗户造成屋主受到惊吓。

2014 年 9 月：台中高铁附近的"彩虹派对"航拍机坠落，造成三男二女受伤，双方和解。

07 为了安全，我应该考虑哪些地点限制？

 在无人航拍机的领域，绝不能只考虑自己要拍摄的内容，反而要多考虑其他人的想法及安全，不要有自己想飞就飞的错误观念。

小编还是喜欢到人少的地方玩无人机，何况去大自然玩无人机，更是美景尽收，心旷神怡，其中有些私密景点我也会在后续问题里分享给大家。

• 新竹某大桥在达人的拍摄下气势磅礴令人惊艳（飞友 Sam Yueh 拍摄）

- 头城东北角海岸线美到令人心醉（飞友 Sam Yueh 拍摄）

请问山区适合练习航拍飞行吗？

既然要避开人多和危险的地方，那是不是要跑到山区去飞？到山区飞行有没有应该注意的细节呢？

答 当然！而且一定要多去山区飞行，因为实在是太美了，大自然的锦绣山林何其多啊！

只要熟记在山区飞行时需要注意的细节，我想大家还是可以飞得开心、玩得安心的。接下来的 6 个问题就是我就要给大家讲解的山区飞行时要注意的技巧。

● 飞友 Sam Yueh 拍摄

09 如何小心避开山区飞行时的干扰？

 午后的山区特别容易有云雾或是雾霾，美景仿佛仙境般，但是却很容易对航拍机造成干扰，尤其是在穿破云层的同时，需要特别注意。

另外还有一个看不见的干扰源，有些山壁的成分含有特殊矿石，也可能会造成信号干扰。

10 山区飞行有哪些潜在影响因子？

 遮蔽：树林、山与遥控器所在位置的高地落差，会造成遥控器与无人机的遮蔽因素。

温度：山区温度会比平地的温度低，海拔每上升 1000m，温度就会下降 6℃，因此要注意电池的保温问题。

侧风 / 落山风：这算是山区飞行的可怕杀手，你不会知道何时会遇到这种对流风。所以在山区飞行时要特别注意和所有的景物保持安全的距离。

11 山区飞行时看到老鹰应该跟拍吗？

答 山区有很多大雕，各位飞友们记得看到雕、鹰等鸟类，不要只想着特写近拍它们！记得速速离开不留恋，一来航拍机可能被攻击；二来这是它们的地盘，尊重生态栖息地也是我们回报大自然美景的方式之一。

12 山区飞行后航拍机会不会容易耗损？

答 山区有很多朝露、雾气，温度差异大的同时很容易产生雾气，尤其无人机在高空时飞行器温度高，大气温度低，就很容易形成露水，降落后要特别注意保养。

• 清晨在山上飞行时眼见有雾气，飞机一降落果然就被水气包裹了！

13 飞到一半突然下雨，请问如何应变？

前面提到过，航拍机还是会因为雨水而损坏，如果飞行到一半遇到下雨，我应该
如何处理？

答 基本上在飞行之前就需要判断是否可能会下雨，等到在空中再来面对这个问题，就会比较麻烦了。

但是遇到了，飞友们也千万不要慌张，稳妥地将航拍机快点操控回你的身边。并且一降落就要先用下面的步骤快速处理你的航拍机，回到家以后也要再做保养！

· 飞行到一半突然下起雨，镜头中央立刻滴了一个大雨点

1 立刻取下电池，用布先将机器上的水擦干（切记不要再开机过电）。

2 如果开车的话，请先开启空调将主体吹干。

3 家中有防潮箱请立即将航拍机置入。

4 万一没有防潮箱，请找一个大塑料袋将航拍机放入，然后将干燥包放入，再将塑料袋密封。

5 请放置 72 小时以上后再测试机件是否可正常运作。

6 如果无法启动，请向各家航拍机代理商寻求帮助。

14 可以设定路线让航拍机自动飞行吗？

为了专心摄影拍照，我可以设定让航拍机自动沿着指定路线巡航飞行吗？

答 可以！

市面上销售的无人航拍机，不少机型有这种通过地图指定位置飞行的设定，不过还是要视每家厂商所提供的功能而论。

Xiro 零度的部分机型是设定 16 个航点然后进行自动飞行。法国 PARROT 的高阶机型也有"地图指定"自动导航功能：在手机地图上点一下，PARROT 航拍机会自动飞行到指定地点。另外 DJI/3DR/ 亿航 GHOST 等大厂的航拍机也有上述的类似功能。

操作者如果要执行这类的功能，请记得在空旷的地点使用，也需特别注意飞行环境的安全高度、电池电量、最大信号接收距离等重要问题。

● 地图指定航点设定画面，航拍机会依序逐点飞行

15 可以用航拍机绕着我飞玩自拍吗？

现在自拍那么流行，我可以在飞行时设定让航拍机绕着我飞，拍摄我的操作英姿吗？

答 可以！

前几年的航拍机如果想要玩自拍，是要先练一段时日的，不过现在的机型有不少已经内置自拍、智拍、SELFIE 等功能，可以让航拍机自动以操控者为中心主体来进行对焦拍摄。

有些机型还具备在 3m 左右先对好主题人物，开始拍摄后渐渐地往后、往上拉开距离的自动运镜功能。

• 到校园帮忙记录，小朋友最爱来跟我一起自拍！

航拍机有哪些方法可以跟着人自动飞行？

在第一课中，提到过航拍机可以跟随我们飞行，那在具体的飞行操作上，有哪些方法可以让航拍机跟飞呢？

答 跟随（FOLLOW ME）是目前最热门的话题，现在的机型有些是设定后跟着接收器做等距离的移动，有些是跟着遥控器移动，有些则是跟着手机移动，少数的机型甚至可以直接从操控画面上框选要拍摄的主题进行跟随！

大部分还是以 GPS 为跟随的依据，这个功能很少会被用到。

17 我可以在斜坡上准备起飞吗？

有时候遇到一些不平坦的地形，例如斜坡，可以直接让航拍机起飞吗？

答 无人机需要在平坦的地面才能有较安全的起飞姿态，开机时陀螺仪会校正位置偏差，若差异过大，会有校正异常的现象，将会造成飞行器误判而可能导致坠毁，因此开机过程中尽量选择平坦的起降场所。

玩航拍前需要考飞行驾照吗？

看到新闻提到航拍需要考飞行驾照，是真的吗？还是有什么特殊限制？

 针对飞行执照的问题，我国民航局《轻小无人机运行规定（试行）》规定，无人航拍机重量超过 7kg 需要考飞行驾照，并由民航局监管。

只是一般消费者使用的机器大约都在 1 ~ 3kg，就算是可以架单反相机上去的航拍机型也不过是 5 ~ 6kg，所以 7kg 以上的都不是普通航拍机！

关于无人机飞行的更多规定，还请后续密切关注民航局的相关资讯。

19 飞不起来有哪些可能的故障？

我照着说明书执行了起飞步骤，但是航拍机还是飞不起来，是哪个环节出错而我没有注意到呢？

 不能起飞这种情况真的很令人扫兴，但只要是非硬件故障，大多可以解决，我建议大家检查下面几个项：

1 换起飞地点

2 重新开机

3 电池是否装好（某些机型要上安全扣）

4 航拍机是否受潮

5 各装置电池是否都有电（遥控、主机、相机等）

6 等待 GPS 收到信号

7 部分机型在室内没有 GPS 的情况下不能起飞

8 检查是否为禁飞区

注意 / 现在的机型多为智能设计，大部分的异常都会显示在操作的屏幕上。

飞行前我要如何察看风力与风向？

前面一直提到飞行前的气候观察很重要，那么有什么方法可以事先让我知道飞行时的环境因素呢？

 其实现在用手机 App 就能帮我们了解天气环境了，下面推荐几个好用的气象 App。

天气气象图：建议使用最简单的 yahoo 气象。

- yahoo 气象

- 下载 yahoo 气象 iOS App

因为这个 App 能显示当下位置的风速状态，登录后记得先进入设定修改风速的单位为 "km/h"，依照蒲氏风力级数的每小时风力速度去换算等级。

然后参考你所使用的航拍机抗风级数，如果当下风力超出航拍机的抗风能力就建议不要启动。

除了参考 Yahoo 气象图之外，还要考虑更贴近真实的当下风速，尤其是阵风。建议可以带着风力测速表来测试当下的风力等级为多少，观察后再考虑是否要进行飞行。

 注意 / 你可以在网上查看蒲氏风力分级表，把你的风速换算成风力级数，以了解是否适合你的航拍机起飞。

21 飞行前我要如何查看其他气候影响因素？

如果没有手持测风表，还有其他好用的软件可以帮你查到更精准的阵风与其他环境影响因素。

 各类气象 App（例如墨迹天气 App）重要的参考功能如下：

A. 风向 / 风速 / 阵风　　　　　　B. 潮汐表
C. 日出日落 / 月出月落时间　　　D. 浪级 / 浪向 / 浪高
E. 温度 / 云层比率　　　　　　　F. 降水概率 / 相对湿度

其他可选的 参考功能如下：

A. 风量风向图表　　　　　　　　B. 温度湿度 / 紫外线
C. 雷达回波图　　　　　　　　　D. 细悬浮颗粒
E. 水库水位

除了天气，飞行前还要看太阳吗？

只要查看气候状况就表示可以飞行了吗？还不够！为了安全起飞、安全回家，我们还要查看其他不同的环境影响因素。

答 主要的影响因素：太阳黑子及空气质量。

前者可能干扰飞行信号的传递，后者会直接影响拍摄画面的清晰度！

造成航拍危险的因素有很多种，但是在飞行前有几项是可以先预估出来的，这几项都是飞行前需要检查的细节。

太阳黑子，又称"电磁风暴"，是太阳上的临时现象，活跃时会对地球的磁场产生影响，主要是使地球南北极和赤道的大气环流作经向流动，从而造成恶劣天气，使气候转冷。严重时会对各类电子产品和电器造成损害。建议下载电磁风暴 App 来观察当天是否有影响飞行的太阳黑子。

App 名称为"Magnetology"，也可以试试看另外一款"UAV Forecast"。

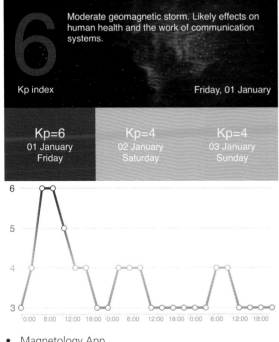

• Magnetology App

• UAV Forecast App

23 空气污染会影响飞行安全吗？

看到天空雾蒙蒙的，好像空气质量很不好，这时候我也可以依靠 GPS 直接起飞吗？

 空气污染虽然不一定会干扰操控，但是会影响拍摄画面的清晰度，还会对身体造成不良影响，当空气污染指数过高时还是不要出门或者换个目的地比较好。

PM（particulate matter）悬浮颗粒，就是飘散在空气中的极微小颗粒，特指悬浮在空气中的固体颗粒或液滴，是空气污染的主要来源，其中分为：

（PM10）直径小于或等于 10 μm 的悬浮颗粒称为可吸入颗粒物。

（PM2.5）直径小于或等于 2.5 μm 的悬浮颗粒称为细颗粒物。

悬浮颗粒能够在大气中停留很长时间，并可随呼吸进入体内，积聚在气管或肺中，影响身体健康。

• 你所在地区当时的 PM 值也需要参考进去

人和航拍机的安全距离应该保持多少？

当航拍机要降落或起飞时，附近的人应该距离航拍机多远比较安全？

 航拍机在起飞以及降落的时候，要和人保持 5m 的安全距离，还有特别需要注意的是附近是否有小朋友或是小动物，因为在起飞的同时，大家都想走近看一下、摸一下、问一下、有时候还会不小心造成对操控者的惊吓。

为何要保持 5m 距离？

1. 航拍机在全速飞行的状态下速度可达 8~20m/s，因此可能需要刹车的空间。

2. 无人机在起飞及降落时可能因为新手紧张，在遥杆的使用上并非"直上""直下"，而是不自觉地左右偏移，这时会造成航拍机歪斜、侧飞。

3. 航拍机在刚刚启动的状态下电机低速运转，抗风能力较低，如果风势较大或遇到阵风、侧风，也可能歪斜、侧翻、倾倒。

所以设限 5m 的安全距离，是希望飞友们遇到飞机失控乱飞时有足够的时间可以反应处理危机。

 注意 / 使用一键返航时，Home 点也有些许误差，需要 5m 左右的范围来保留调整空间。

25 飞行时我只看遥控器上的距离数据就够了吗？

航拍机遥控器上可能提供了很多侦测到的数据，这时候我应该完全相信它，还是也要加入自己的目测参考？

答 在目测距离和实际飞行数据间真的是会有所差异的，航拍机通过 OSD 所提供的飞行数据里面是详尽的高度、距离、方位等，但是却少了目测时周围物体与航拍机之间的相对位置依据，所以两者都需要参考。

26 操控飞行时我应该看面板还是看航拍机？

飞行时很难两面兼顾，我应该看着遥控器操作，或抬头看着飞机操作？还是有更好的做法？

答 在飞行的同时除了观看飞行屏幕之外，还要不时地监看航拍机，因为操作者自己要控制遥控器的运作。

更重要的是如果要航拍，还要思考画面的运镜，真的分身乏术，那么在飞行的过程中就要有人在身边适时地提醒操控者："那边有树！右方快要撞上电线了！"这也是专业航拍玩家常常两人以上同行的原因。

• 在飞行过程中建议有伙伴来当勘察手

• 飞行时有好友随行更添趣味

27 很冷的天气对航拍机的飞行有没有影响？

有时候到山区天气很冷，又是冬天，这时候对航拍机的飞行会不会有不良影响呢？

答 天气冷且电池没预热的时候，航拍机会因为电阻太高而瞬间掉电，所以冬天飞行一定要满电。并且起飞后先低空悬停 1~2min，主要是让电池自我发热降低电阻，再执行航拍任务。另外不建议在还没充分暖机前暴力飞行。

锂电池冬季低温状况下会有虚电情形，如果你没满电飞行又没先盘旋预热，一急拉就会瞬间掉电。

低温下，电池的化学物质活性降低，内阻增大，放电能力降低，电池放电时电压降加大。

严重时，航拍机甚至会因电压不足而关机。载有锂电池的智能设备，如智能手机，在低温下也会因此出现自动关机的现象。

自重较大的飞行器，本身就需要较大的电流来维持动力；飞行器持续大功耗飞行，如满油门爬升时，电池会持续大电流放电；高原地区，空气稀薄，气压低，飞行器需要更高的电机转速来维持动力，电池输出电流会进一步加大。

以上情况，加之冬日的低温，使电池压降进一步加大，严重时，甚至会造成飞行器断电坠机。如果低电量起飞，此时电池起始电压偏低，则更容易出现电池断电，飞行器坠机的状况。

28 刚刚开始飞行的玩家如何熟练对遥控器的操控？

一般入门的飞友，为了熟练，可以先从下面的几个基本飞行练习开始。

答 新手飞友们，请先看这篇分享，因为很多朋友拿到飞机都会想要飞飞看，感受一下升空的快感，但是很妙的是，升空之后，通常肾上腺素会上升，容易紧张，手脚不听使唤，一直发抖。

所以还是要先了解并熟练遥控器的操控！

第3课 驾驭长空，带初学者体验飞行美好的问题解答

第一步 练习原地起降

（这个动作建议新手朋友们先做 5 次以上：2m/5m/10m/20m/30m）

小编每次飞行都会在原地起飞之后，大约 2m 的高度，悬停 30s 左右。其中的好处有两个。

好处一，让电池利用内部发热，让飞机自身充分预热，降低电池内阻（如果天气冷，建议悬停时间增加到 1min）。

好处二，悬停让无人航拍的 GPS 有更多的时间可以精准地抓到真实的卫星信号。

第二步 完成第一步骤之后，请在上空处，练习前后左右飞行（请务必让机尾朝着自己），这个动作主要是让飞行者更熟悉操控杆的力度。

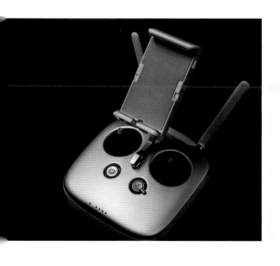 

29 刚刚开始飞行的玩家如何顺利起飞并返回？

熟练遥控器后，我们要怎么样从基本飞行开始练习，起码要让飞机好去好回？

答 这里给新手的飞行口诀是：**逆风去，顺风回**。

我们在飞行的同时，千万要记得"风"是造成无人航拍机坠机的一个很危险的因素，在起飞前要记得风力跟风向。出去的时候记得要逆风出去，这样子回程的时候加上顺风回来的力道，会让无人机更加省力、省电。

因为常有些飞友在飞行时并没有注意到这点，往往回来的时候发现电力不足，又遇上逆风，特别耗电。所以新飞友们，请记住逆去顺回。

然后再配合前面提到的"安全高度"加上"飞行距离"，就能开始自由飞行了，建议新手先使用单轴运动的逻辑来慢慢运动，可以好好享受飞行的乐趣，如果在更加空旷、安全的状态下，再尝试加快速度。

● 新朋友第一次飞行最好让有经验的无人机玩家在旁边陪同喔！

在不同的地形怎么考量航拍机的飞行安全高度？

安全高度很重要，因为每次飞行的所在位置都不尽相同，所以特别要注意的就是高度！

 这里简单教大家做个区分，下列地形的基本高度可以概括为：

海边 =5m	树 =10m	楼房 =30m	高楼 = 60m（约 20 层楼高）

高楼的部分建议用简单的算术，1 层楼约 3m 高，所以就看你当下的位置最高的楼有多高。

实际上怎么应用呢？我曾接过一个工作，希望从台南青年路上城隍庙升空往卫民街，然后经过后方的新光三越之后看到台南车站。

城隍庙约 1 层楼高，因为是古迹，所以安全高度预留得更多，预估 5m。后方楼房约 4 层楼高，预估 15m 为安全高度。新光三越 17 层楼高，预估 60m 为安全高度。

这时候我飞行的第一要务，就是设定失联信号返航高度"90m"。因为附近最高的大楼应该就只有 20 层楼高。另外开始飞行时要特别注意一边直线飞行一边提高高度的这个动作。

所以在飞行前观察地形、计算高度是很重要的一个环节。

31 熟练飞行后，基本的飞行问题还重不重要？

这部分仔细地讲了很多飞行的注意事项，这是新手才要注意的，还是老手也不能忘记的基本功呢？

答 基本的飞行基础熟练之后，玩家们很快就会想要做些突破进级的挑战。

这时候别忘了先回顾一下这里我们提到的航拍前飞行环境的注意事项，可以参阅之前的飞行问题，例如山谷飞行注意事项、穿越桥底应该注意的事情等。

熟练程度提高后，大家都会想尝试更高难度的飞行环境，包括小编也这么想。但是从新手到开始熟悉的阶段，部分飞友会有这些状态：

尤其在朋友面前飞行时爱求表现，想要做出高难度动作，例如急冲、急停、急转等。或是在飞行时，喜爱冲到最高追求极限远，自我感觉良好，认为一切都在自己的控制范围内。

因为这些状况导致无人机失控的案例不少！以上叙述的情况千万不要有，即使是已经非常熟练的玩家，也一样要谨记我们提过的飞行基本功与基本守则，这些问题是真正的专业飞行者反而会更在意的！

第 4 课

鸟瞰大地，教你进阶航拍摄影技巧的问题解答

01 如何练习航拍专用飞行操控？

前面一章，我学到了操控航拍机的飞行技巧，那么当我想要开始航拍时，有没有专属于航拍的飞行技巧需要我先练习？

 航拍飞行运镜的重点主要有二：一个是方向感，另一个是稳定性。建议在视野内飞行时，做下列练习。

 先将机尾朝着自己，让整个方向控制在自己直觉的直接位置（前后左右）。

 虽然在空中的时候，实际距离跟眼睛看到的有误差，距离越远，飞机相对会越来越小，不容易判断，但还是要相信自己的眼睛。

 视距内飞行的练习可以先从简单的四轴方向开始，进而画四方形，接下来再试试看画圆圈，最后练习 8 字形飞行。

 加入飞机前方的方向性，再做以上 3 个练习。

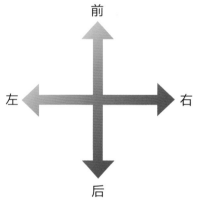

前后左右飞行

四方形飞行

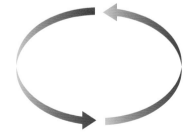

画圆飞行

8 字形飞行

⃝02 除了上升前进，我还能安排哪些特殊拍摄路线?

我想要用更特殊的拍摄运镜路线，来创造无与伦比的航拍画面，请问有什么推荐的航拍飞行路线吗？

答 这边先谈谈只针对无人机本身的飞行动作，不加入相机的多轴运动控制。其实原理很简单，就如同小时候的尺规画图一样，先从基本的直线开始架构，进而方形，再来圆弧，渐渐丰富成动人的摄影路线，连带着飞行技巧自然就练成了。

你可以练习下面这些航拍飞行动作：

1. 往前直飞	8. 右横移 + 上升	15. 往前 + 下降
2. 向后倒飞	9. 左横移 + 下降	16. 向后 + 下降
3. 从上跨越	10. 右横移 + 下降	17. 自旋（自转）盘旋
4. 从下穿越	11. 直线上升	18. 自旋 + 上升
5. 左横移	12. 直线下降	19. 自旋 + 下降
6. 右横移	13. 往前 + 上升	20. 环绕（同心圆）
7. 左横移 + 上升	14. 向后 + 上升	

最后就是以速度的快慢及高度的掌控来表现不同的场景氛围了。

如何度过航拍新手的害怕阶段?

一般新朋友刚刚踏入航拍的领域差不多都会经过以下这几个状态：蜜月阶段、害怕阶段、迷惘阶段、探索阶段、享受阶段。

答 **蜜月阶段：**

刚开始进入航拍领域，大家都会很想要出去飞行，带着自己的新玩伴见见世面。其实这个阶段特别重要，因为每次的飞行都是自信心的累积，但是新朋友开始接触的时候，如果在飞行拍摄上没有突破的话，很容易就进入了迷惘阶段。

如果在蜜月阶段发生了撞机的事故，就会很快直接跳入害怕阶段。

害怕阶段：

一般来说都是新朋友撞机之后产生了阴影，很难走出来。

如果飞友有这样的状态，建议重新拾回飞行的自信心，一定要多飞行，但是飞行环境需要更加小心地挑选，不要去挑战山川、峡谷、溪流、瀑布之类的题材。建议先从空旷无干扰的环境飞行。

还有一个重点，好的航拍机带你上天堂，差的航拍机则带你下池塘，如何选购航拍机也非常重要。

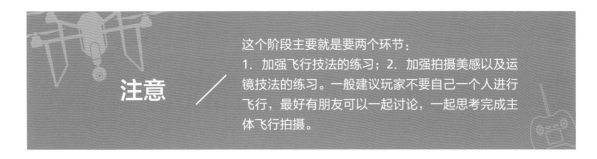

注意　/　这个阶段主要就是要两个环节：
1．加强飞行技法的练习；2．加强拍摄美感以及运镜技法的练习。一般建议玩家不要自己一个人进行飞行，最好有朋友可以一起讨论，一起思考完成主体飞行拍摄。

迷惘阶段：

很多飞手在这个阶段一直练习，却也不知道为何自己的飞行技巧跟画面拍摄技巧都没办法突破，在这个阶段首先需要提升的是"飞行的技法"，加强各种环境的安全飞行训练；另外要开始尝试"重点主题拍摄"，因为没有一个有特色的主题，飞行时往往很容易进入不知所"飞"的现象。

- 迷惘阶段就是要跟好友一起突破！

如何从航拍探索阶段进入航拍享受阶段？

要从航拍新手，变成航拍的中级玩家，有没有什么观念与方法上的诀窍？

答 探索阶段：

当可以稳定地飞行后，玩家渐渐地建立起自信心，这时会期待征服任何可飞行的环境如峡谷、山川、溪流、大楼等，希望可以得到更好、更特殊的画面。

这个阶段的飞友们，建议多吸取不同达人的航拍影片中的经验，或者参加各种航拍的社团，多认识些航拍高手，欣赏他们的飞行技法跟画面，也可以从电影的画面来思考如何达成里面的运镜。

另外还要再加强的就是剪辑的能力。在剪辑的部分，使用者可以挑选自己喜欢的应用软件，熟悉后再加强进阶的运用（这部分本章后段也会跟大家分享）。

享受阶段：

通过飞行操控经验的不断累积，最终飞友们会进入人机一体随心所欲的阶段。

坦白说，于我而言，这是一个非常享受的境界。这样的感受正是我希望大家可以通过阅读这本书而体验到的！

从升空、翱翔、俯瞰到降落，航拍机让我们的视角更宽广，让我们的心更自由，最终把整个愉悦的过程变成影片呈现出来，变成专属于你的记忆。

相信这是所有玩家时时想要外出玩无人机的最大动力。

- 无论哪个阶段，希望每位飞友都可以跟我一起安全地飞行，快乐地享受！

为什么其他飞友可以拍出宽广的好画面？

我观看有些飞友拍摄的影片，视角非常宽广，为什么我拍不出这样的大视角？

答 不同相机镜头的视角差异会呈现出不同的效果，这个问题跟航拍机的摄影镜头有关系，接下来就分享几张相同取景，但通过不同镜头视角所呈现的各种画面效果。

如果想要拍出宽广视角，一开始选购航拍机时就要好好挑选。

- 视角 140°（Gopro Hero4 BLACK）

- 视角 94°（DJI P3 PROFESSIONAL）

第4课

鸟瞰大地，教你进阶航拍摄影技巧的问题解答

- 视角 62°（DJI Inspire1 PRO+12mm）

- 视角 46°（DJI Inspire1 PRO+15mm）

- 视角 25°（DJI Inspire1 PRO+45mm）

可以将航拍画面输出到电视和朋友一起看吗？

好东西就要跟好朋友分享，我是否可以把自己的航拍影片输出到电视上给朋友看呢？

 可以的，而且有三个方式可以输出：

1. 通过 HDMI 接口传输到电视和朋友们一起观看，这是很方便的选项，只要你的遥控设备有 HDMI 接口就可以传送到电视 / 投影机等设备上。

2. 部分机型有支持手机输出的功能，经过专用的手机外接线，也可以做输出。

3. 通过 5.8G 的图传功能，也可以连接到 FPV 屏幕观看。

• 以平板作为控制画面，再用 HDMI 线外接图传到屏幕上

• 大伙开心地看着航拍机又急着回头欣赏录下来的画面

⬭07 如何航拍巨大的景物？

这个动作主要是可以看到建筑、风景的全貌视角，尤其是高层建筑，拍出来最有感觉。

 开始进入航拍摄影领域后，最常看到的作品就是拍摄高大的建筑，或是上升拍摄慢慢出现的风景全貌。

这时候的技巧最简单，只要持续上升航拍机，然后缓慢调整摄影机镜头即可。

特别要注意的是上升速度以及镜头调整的速度。

 **如何拍摄有速度感的航拍画面？**

向前飞行时遇到建筑或是树林，再将高度提升，这个画面很有飞驰感。

答 除了单纯的持续往前推行外，这里有个小技巧就是缓慢上升，可以带来更强烈的飞驰感。
主要的注意事项是先观察要飞越过去的建筑或是树林高度大约多少，才能作为精准的
飞行路线参考。

09 如何拍出鸟瞰航拍作品？

这个动作拍出来的画面通常一般人看不出来所拍摄的地点，因为我们很少用这么高的角度去看地面。

 在飞行取景的时候不一定都用平视角度来作拍摄，试试看鸟瞰视角，会有全新的感觉。

这时候的操控是直线单轴运动，重点是镜头角度呈 90° 俯角，去观看地面的变化。

如何航拍团体大合照或宽广美景？

这招很好使，无论是团体合照或是呈现宽大的美景都很适合。

答 要拍摄某一主题（例如团体），那么一开始就要聚焦，飞行操作要稳定，最好先在附近的空地多做练习再正式拍摄。

拍摄时无人机要不断往后，并且持续升高。

11 如何拍出有电影故事感的航拍画面？

这是比较高难度的画面，主要是对着中心点绕圈，拍出有如电影运镜的故事画面感。

答 这时候在操控上要改成用横移飞行的方式拍摄，或者可以横移同时加上转向，这样会呈现更大的画面张力。

目前还有部分机型可以安装 90mm 的镜头，等同镜视角 27° 左右。有别于一般标准航拍机的 80°~90° 视角。如果可以运用不同镜头呈现出压缩感，当然可以拍出更有张力的画面。

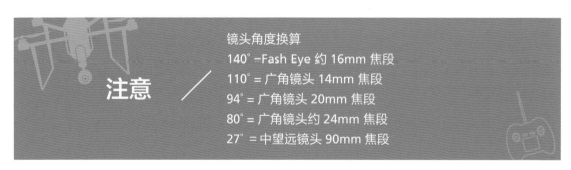

注意 /

镜头角度换算

140° −Fash Eye 约 16mm 焦段

110° = 广角镜头 14mm 焦段

94° = 广角镜头 20mm 焦段

80° = 广角镜头约 24mm 焦段

27° = 中望远镜头 90mm 焦段

航拍时有哪些基本的构图技巧？

在地面我们通常都会有很多的构图方式，飞到了空中我们当然也要有相对的构图逻辑，小编这边分享几个基本的构图逻辑。

答 最常使用的是"水平构图法"。

想要画面特别的话，可以使用**"俯角拍摄法"**。

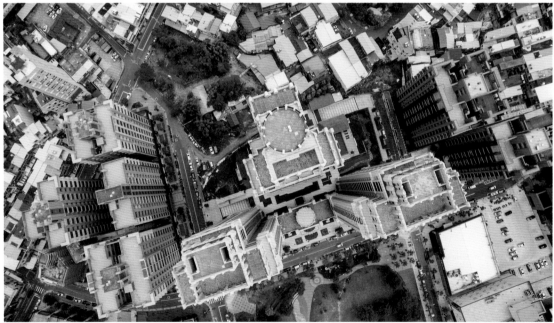

喜欢画面中有动态人物的，可以利用活泼生动的"井字构图法"，把人物摆在风景的井字构图线的某个端点做拍摄。

还可以配合地表的线条，做婀娜多姿的"**S 形或曲线构图法**"。

13 航拍时有哪些进阶的构图技巧？

进阶的构图方式需要配合稳定的飞行以及对被拍摄景物的清楚的排列规划。

答 创意十足的"对称构图法"。

其实很多事物都是对等的，画面的对等也是一个协调的元素，所以在空中看地面可以从对称来着手。

我们可以把大自然的地貌当作道具，帮我们在画面构图中做对称的切割，常常可以获得意想不到的好效果，尤其在鸟瞰拍摄时更有用。

延伸性强的"**透视构图法**"。

用画面来说故事是很不错的手法，就是通过空间感来表达，透视构图可以运用在建筑或溪流山水之间。拍摄的时候好好运用，就可以得到不错的画面。

画面丰富的"**前景凸显手法**"。

其实在平面拍摄的时候，不时都会使用一点前景来点缀画面。空中摄影中这个手法也经常可见。这个手法除了静态拍摄之外，在动态拍摄的过程中使用可以让画面更加有张力。

14 影片拍完后如何分享给朋友们?

有了初步的航拍成果,当然想要赶快跟大家分享,要怎么分享航拍机拍摄的影片呢?

 很多新朋友常对航拍机感到一知半解,这时小编会跟大家说明"无人航拍机"等于就是一台会飞的照相机或是会飞的摄影机。

如同一般的数码相机,影片要如何呈现给好朋友们看?拍摄完的影片大多都存放在MicroSD 卡中,最好还是要通过计算机先将文件存放好。

至于要如何分享观看,可以放在网络上。

也可以通过编辑程序,将影片转换成 .mp4、.mov 或是 .m4v 的格式,通过计算机播放,或上传到优酷、土豆等平台播放,当然也能直接通过微信、QQ 与朋友分享。

15 如何变身成为专业级的航拍达人？

我学会了拍出好看航拍作品的基本技巧，那么如果我想成为专业级的航拍达人，有没有什么需要练习的呢？

答 **1. 熟练拍摄路线**

- 你需要学会勘景，绘制航拍路线。
- 勘景：画出虚拟飞行安全区域。
- 路线：预想虚拟拍摄路线和运镜方式。

先绘制出自己的飞行拍摄路线并进行多次练习。通过多次的练习，可以加强拍摄时的稳定性。

新手通常容易漫无目的地飞来飞去，直线冲到底转弯！冲回来再转弯！这样拍摄出的影片，大多是不能使用的模糊画面！

2. 低飞练习

航拍机不是一味飞高就好，尝试接近地面飞行，可以获得特殊的画面效果。

大家都希望飞到高空，比如500m，甚至希望飞到更高处进行拍摄，但是我在航拍的过程中发现，低空飞行时捕捉的画面，可以深深地抓住我的心，所以千万不要低估低角度拍摄的效果。

各种角度进行拍摄，稳定控制速度，减少各种晃动是最重要的，进行低速、低空飞行时，流畅的拍摄视角与画面效果会让你惊呼连连。

3. 顺光飞行

摄影的最佳帮手：顺光飞行。

在飞行时要注意光线的变化，景物要特别的明确。顺光飞行，可以突显物体的色泽，画面的
彩度。

4. 逆光飞行的活用

反之如果遇到反差大或是想表达梦幻感的画面，就可以使用逆光拍摄，得到不同的画面。

注意 / 逆光拍摄时要特别注意镜头的角度。因为在角度上的差异，会造成画面曝光过度的状态。建议先在空中停悬后，再调整镜头角度，不让画面曝光过渡。控制好之后，再进行飞行。

5. 决定摄影的长度

永远多拍一段！常常精彩的画面，需要通过"起承转合"来描述，这时足够的素材可以增加影片的完整及精彩度，所以一定要比你期望拍摄的时间多拍摄一点，前后各 5 秒钟以上。

拍摄时，记得要录制更多片段方便剪辑制作进行挑选，这样一来，拍摄时间变长，拍摄的画面相对也更多，即使是静静的多坚持 5 秒钟，剪辑时就有更多画面可以运用。

16 如何用航拍机拍摄大型活动?

热血沸腾的越野车在场地里快速地奔驰，在跳台上展现高超的技术，这画面太震撼了！但是应该如何将画面拍得流畅且充满现场感?

答 拍摄要点如下:

1. 需要观察探勘

确认清楚越野车手骑车的路线。小编都会将越野车手的路线自己先走过多次。并看清楚飞行的上空是否有障碍物。

• 新竹头前溪越野车竞赛场地，这个场地很适合飞行，因为非常空旷

2. 检查每一个弯道，每一个跳台

车手转弯的方向以及跳台起来的高度大约是多少都要事先考量进去。

3. 根据不同动态采用不同航拍手法

直线冲刺建议用追车的手法表现。弯道的部分建议停在空中用 45° 角或是 90° 俯角的方式来表现。

4. 试试看姿态模式操控

在追车的过程中，可以开启"姿态模式"来飞行，因为 GPS 模式会让你的航拍机速度被限制住，为了避免这种限制推荐使用"姿态模式"来操控。但是在飞行之前需要特别练习一下"姿态模式"。

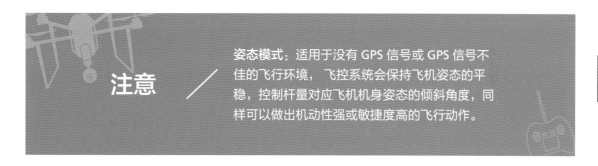

注意 / 姿态模式：适用于没有 GPS 信号或 GPS 信号不佳的飞行环境，飞控系统会保持飞机姿态的平稳，控制杆量对应飞机机身姿态的倾斜角度，同样可以做出机动性强或敏捷度高的飞行动作。

 **注意** / 拍摄过程中的移动拍摄最先要关注的就是被拍摄者（例如车手）及周边人群的安全性，拍这类的影片，要有一定的操作能力及应变能力，千万不要为拍而拍，超过自己操控能力范围外的，还是先选择不拍，以保证安全。

注意 / 拍摄现场至少要有一个飞手和一个观测手。如果现场有其他的突发状况，观测手可随时回报飞手，以做应变。

17 在海边航拍时应该要注意的事项？

海边的画面是非常舒服放松的，那么在海边航拍有没有什么技巧呢？

 海边不用太注意高度问题，反而是要特别小心阵风的出现，可以参考渔业气象，它会对周边海域的风力提供预测。

至于在飞行构图上面，可以考虑顺光逆光的差异去拍摄你要的画面。

18 如何航拍宏伟的建筑？

建筑题材的拍摄需要格外小心飞行安全，另外也要具备下面的航拍技巧。

 拍摄大楼等宏伟建筑时，可以参考几个飞行构图以及运镜方式。

1. 透视构图

所谓的透视，就是在画面中利用视线的消失点营造空间的感觉。在透视构图上容易表现出建筑物的建筑角度，可以让航拍机悬停住拍摄地面上移动的车子。

2. 俯角构图

镜头朝下直接拉高航拍机高度往下拍。以俯角拍摄时，容易造成较深远的视觉效果。而用仰角拍摄，则可以表现事物的雄壮。以上两种拍摄，画面给人的张力较大，因为我们是在空中，所以俯角拍摄张力跟仰角拍摄是一样的。

> **注意**
>
> 其实这个题材是小编比较不喜爱拍摄的主题，因为建筑拍摄第一眼会很新鲜，觉得很有意思，但是看久了会发现也就不过如此，然而更大的问题在后面。
>
> 1. 一般大楼通常都有人居住。所以在拍摄时比较容易被人们认为我们在偷拍，观感上不太好。
> 2. 大楼本身如果都是玻璃镜面或是顶楼有太阳能板都会影响飞行。
> 3. 记住不要飞到建筑的对向，信号容易被遮挡住。

3. 拍摄局部

从高空利用镜头 45° 的方位拍摄较大的局部，会有一种独特的美感，另外可以凸显主题。直接以特写镜头捕捉重点，是局部特写拍摄最简单的手法。

其实捕捉与主体具有关联性的局部画面，会比直接拍摄全貌来得更具有故事性，且同时也保留更多空间让观看者自行去想象，如此一来从图片传出的信息就在无形之中被放大了。

4. 运镜横移方式

适当的转向和倾斜可以揭晓原本不在画面里的事物，让看画面的朋友了解环境和距离，甚至会给人营造惊喜的感觉。

5. 运镜往后 + 直接上升

这个方式使用起来会有雄伟的建筑感。

6. 运镜直飞 + 镜头朝下

高过于建筑物的高度直接慢速移动带过建筑全景。

以上六种方式组合运用后，剪辑出来的画面就很丰富了。

19 为什么夜拍时画面会有红光？

航拍夜景是大家都想做的事情之一，但拍夜景也容易受其他不良因素影响，要如何解决？

 有些无人航拍机前面两个机臂灯光是红色，以利在夜晚飞行的时候判别飞机的方向。

但是在拍摄时容易拍到前面的红色光点（光斑），很多新朋友会以为这是无法解决的问题。

其实不用担心，只要找出灯光设定的位置，在拍摄前将前面的红色灯光关闭即可，但是千万要记得拍完照片要再把灯光打开，不然就不知道飞机的前方在什么方向，无法判别方位甚至导致飞机没办法回来！

20 如何避免拍到机身的脚或桨?

航拍时如果航拍机的设备不小心入镜,是很扫兴的一件事情,要怎么避免?

答 为了要避免螺旋桨出现在画面里,建议从两个方向进行。

1. 镜头角度不要调整得太高,保留一点点向下的角度,就可以解决这个问题。

2. 倒退飞行,往后飞行机身的倾斜状态就会很自然地避开电机或是螺旋桨入镜。

21 为什么航拍时画面会有影子？

有时候看航拍影片时屏幕的左右上方边缘会出现影子，像是水波纹，要如何来解决这个问题？

答 其实通常是拍摄的方式不对造成的！

这种状况是阳光刚好照到螺旋桨，阴影被镜头拍到融入影片之中。其实这种阴影利用飞行的角度跟镜头的俯仰度是可以避开的。航拍机往后飞行就可以避开屏幕上方的水波纹路。

或者在镜头上加上遮光罩。

• 帽型遮光罩，可以避免拍摄到水波纹

22 我的无人航拍机可以去拍夜景吗？

我们都清楚手机在晚上拍摄的时候因为光线太差拍得不够清楚，那航拍机呢？

答 当然，航拍机在夜拍的时候，也会有光线太差的问题。

还好，现在的无人航拍机，在 GPS 的帮助之下，在空中停悬的稳定性能提高了许多，在拍摄夜景的同时，可以让曝光时间长一点，增加进光量，也就能拍出好看的夜景照片了。

23 可以使用什么软件剪辑航拍影片？

小编认为要让一个影片完整地呈现出来是很重要的，使用影音来陈述也是未来的趋势，远比几张照片陈列出来更有力量。但是影片剪辑需要通过计算机软件来制作。这边就分享一下几个软件程序：

答 Windows界面上，小编首推 COERL绘声绘影这套软件，界面简单明了还有不同的模板。

- MAC 介面上，小编大推 Mac iMovie 程序

手机也可以剪辑航拍影片吗?

目前手机是最方便的随身工具,人人都有手机,而且时时带在身上,只要将飞行时拍摄的影片或是照片存在手机内,就可以随时剪辑成影片了。

答 无论是 Google Play 商店或是 AppStore 都有很多免费且基本功能齐备的软件。

但是移动设备上最好的航拍影片剪辑软件,还是 iOS 上的 iMovie。

● 进入程序之后有很多模板,简易、旅行、新闻、家庭等。每一套不同的模板都有不同的转场、音乐提供使用

● 置入照片后就会用秒数来呈现出你播放的时间,可以依照你调整的长度来显示这张照片或是这段影片的时间。播放时间走到"转场"的阶段就会有这类的变化

25 如何呈现出更专业、顺畅的影片？

工具是次要的，要把你的航拍作品剪辑出优秀的效果，还有几个关键点。

答 **好的影片需要好的剪辑技法。**

首要是操控者需要加强剪接的逻辑，这点对航拍影片的呈现有很大的帮助。操控者在航拍过程中，要去思考剪辑的时候需要用怎样的画面来呈现出自己想要的效果。

可能这段需要慢动作，而另一段需要加快动作，哪一段需要什么动作是要经由剪辑而去联想思考的问题。熟练使用你的软件，好好发挥它的功能。

另外好的影片也需要好的运镜手法。

小编在航拍的同时已经在思考这个画面进入计算机后我会如何运用，这样才可能将画面安排得更好。

下面分享几个要点：

1. 勤练航拍手感   2. 寻找画面的爆点（重点）
3. 用更多角度来取景   4. 先在空中安排好虚拟的路线及运镜方式
5. 航拍结束之后一定要尝试自己剪辑影片

平常需要多观看别人的作品或是电影的运镜，这对你在航拍或是剪辑上会有很大的帮助。

第 5 课

梦幻飞翔，
问出高手私藏
的航拍密技

01 高手如何熟悉对遥控器的操控？

你要先清楚了解自己的遥控器上面所有的功能键，才能确保飞行不出错。在未启动飞机电源的情况下多操作几次，有些较为复杂难记的功能可以用贴纸标示以帮助记忆。

答 我建议先开启航拍机的电源，但先不装桨片，这时候就可以测试遥控器上各个方向、油门、功能键，借由预览画面来确定每个功能键的用法，以电机的声音来确定油门的强弱。再有就是将说明书带在身上，外出实际飞行练练手感。

切记，不要一开始就急着大范围的加油门、改方向，一定要先熟悉遥控器上油门的中点位置（现在也有些航拍机型提供了模拟器，方便大家在家先行试着掌握飞行器的所有功能）。

- 以中文贴纸标示更显简单安心

- 一般玩家普遍习惯使用的单拇指控制方式

- 常见的食指 + 拇指的捏指控制方式

02 如何检查航拍机的螺旋桨是否老旧？

螺旋桨也称桨片／桨叶，可以确保飞行器及拍摄画面的稳定，一般在使用的过程中就算没有任何的碰撞，经过长期的使用还是需要检测的。

答 这些桨叶最重要的就是质量及角度都要对等相同，每只桨都达到平衡效果。但是在长久使用的情况下还是会有些误差，建议使用"桨叶检测器"测试，调整确认每只桨都得到平衡后才可以更安全地飞行。

下面以其中一种"自旋桨"作为范例。

- 将平衡器旋进桨片的轴心，再利用 2 个平行的点来做平衡确认

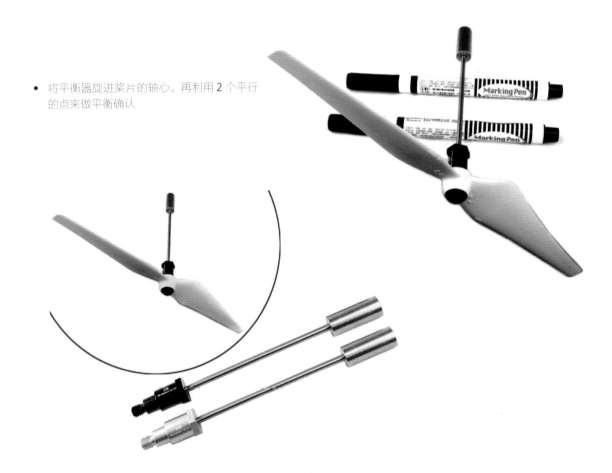

注意 / 螺旋桨如有过多过深的刮痕建议不要再使用，如果有裂痕、缺角就绝对不可以使用。

携带航拍机长途跋涉后要做的第一件事是什么？

背着无人机到处旅游，是否到每一个地方都可以安全飞行？其实只要注意无人机的平衡逻辑，当然都可以安全飞行。

答 我们通常是将无人航拍机放在包包内，背着上山下海。但是飞机的 IMU 需要保持平衡，所以在长途移动或是飞机没有呈现平稳状态下，千万记得，需要再做一次 IMU 校正。

虽然有点啰唆，但却是飞机安全起降的关键。

注意

什么是 IMU？惯性测量单位，是用来侦测物体运动的元件，主要包括"加速度计""磁力计"和"陀螺仪"，因为在不平稳状态下，IMU 已经发生了偏移，所以在起飞的同时可能造成陀螺仪偏移，导致起飞后，飞机整个侧倾并无法控制的状态。

但是 IMU 严格说来不能算是失控，应该只算是异常造成偏移，如果发生这类状态，一定不要慌张，先试试看飞机是否有办法控制，如果有办法控制，相信飞机一定还在目测范围内。努力试试看是否可以将飞机控制回来。万一没有办法控制，就用返航功能将飞机带回来。

• 一般我们出去旅游都是背着航拍机，这可能导致平衡失准，所以起飞前还是要做一下校正

○④ 航拍高手也要注意哪些不安全的飞行场地？

越是熟练的朋友越会掉以轻心，而这时候在飞行环境中隐藏的各种杀手，都可能让你的航拍机发生意外！

 喜欢飞行的朋友们要特别注意，千万不要靠近以下这些地方飞行。主要是因为这些地区的磁场最容易干扰航拍机。

1. 城市内的大厦
城市大楼林立，很多大楼都是玻璃镜面外墙，这是很可怕的干扰源，飞行时切记不要离得太近，因为遥控器的信号遇到这些玻璃镜面，很容出现折射，反射之类的问题。

2. 雷达、军事基地
军用雷达或是电信业者所使用的基地台，其实功率都特别强，很容易让我们航拍机的信号被盖过去，最容易造成失控。所以也特别要注意不要靠近这些雷达站。

3. 可怕的高压电塔
高压电塔，一个接着一个，没有通电的时候都没磁场，一旦开始传输电力，其周围就会形成磁场，因此特别容易对无人航拍机造成威胁，千万要小心。

4. 桥梁钢筋
很多桥梁都设计得很美观，但是在航拍机飞行时也会对其造成干扰，千万不要在桥梁上去做起飞以及降落的动作，指南针很容易就会被干扰。

5. 屋顶的铁皮
台湾地区铁皮屋算是密集度高的。没有大楼的地方，屋顶大部分都是铁皮来做加盖，因为铁皮会有干扰的问题，所以在飞行时也要特别的注意。

6. 太阳能板
这个跟大楼镜面的逻辑是一样的，会反射我们的信号源，所以装有太阳能板的屋顶也是要特别小心。

7. 防波堤
在海边容易看到这个我们俗称的"肉粽角"，在海边飞行，危险除了来自最让人忧心的海风之外，另外一个就是这种防波堤了。因为都是钢筋水泥，撞到就得不偿失，所以在海边飞行的朋友也要特别注意。

8. 桥梁下
很多朋友看到桥梁都想要飞行穿越，这也是很正常的。但是要特别注意穿越桥梁的注意事项：飞行控制位置跟桥下视差需格外小心，同时注意桥下是否有阵风风压产生。

05 航拍高手也要注意哪些大自然的空中杀手？

其实在无人航拍机升空之后，外在因素造成飞机发生意外的可能性很多，其中小编觉得这几个是经常会遇到的，就在这分享给大家。

答

1. 杂草丛生

我们都会去找空旷的地点来做飞行，但是杂草跟树叶既普遍又容易被忽略，如果看到杂草，千万不要期待可以穿越或是切断，不要去做这种冒险，要好好爱护我们的无人飞行器的电机！

2. 飞鸟攻击

在飞行时看到鸟类千万小心，不要存侥幸的心态要去跟鸟类玩一玩，不要逞强去拍鸟的飞行画面，尤其看到鹰科动物时要特别小心。

遇到鹰科的鸟类，千万不要慌张，记得操作不要动作太大侵犯到这些动物，先将油门杆位往上打让航拍机上升，因为鹰科动物要上升的时候，会比较吃力，相对速度会慢。所以要先拉高高度，再试着让飞机在安全的状态下返航。

3. 海浪

要注意的是海浪的大小，因为在空旷的位置飞行会不自觉地越飞越低。海浪就是一个很可怕的杀手，你不会知道下一个浪会打多高，也不会知道下一个浪会推多长，所以各位飞友们在海边也是要特别注意。

4. 你所看不到的那条线

我们身边充斥着很多线路，无论是看到的还是看不到的都有不少，例如电线、风筝线、钓鱼线，这些都会给我们的飞行带来危险，最可怕的是钓鱼线跟风筝线，因为细到我们看不到，所以起飞之前的观察是很重要的。

5. 地面上的沙

起飞时常常会造成尘土飞扬的状况，看起来很壮观，但是伤害的却是我们的飞行器。

各位朋友也需要特别注意避开这些沙。我自己有两个云台，有一个云台就是在山区飞行得太频繁，也没有特别去照顾自己的飞行器，等到出了问题时云台内已经积累了不少沙尘，导致主机板出现了故障。

航拍高手会如何避免图传信号中断?

在飞行途中，忽然看不到画面，没办法控制飞机，是让人非常紧张的事，高手都怎么避免信号中断的事情发生呢?

 以下几种状况会导致图传信号中断:

1. 城市遮蔽物，例如建筑物

建筑物多为钢筋混泥土等结构，会对航拍机飞行造成信号干扰，通常航拍机与遥控器之间如果有建筑物遮挡时，容易造成图传信号不良或中断。

2. 大自然遮蔽，例如山壁、云层、大树

航拍机穿越云层的过程中，可能导致图传信号中断，所以要穿越云层时，要注意飞行路线同时也要确认是否有记录返航点。(如果图传完全中断，可以开启自动返航的功能让飞机自动安全返回。)

3. 强磁波干扰，例如信号发射塔、电塔、军事基地

这些地方磁干扰较强，图传信号部分使用 2.4GHz 的频道，大众用的手机和多数电子设备也用 2.4GHz 的频道，两个相同频道在同一个地方会存在较强的干扰。

4. 飞行距离过远

航拍机如果飞出了超过本身接收能力的距离范围，可能会出现图传突然中断的现象，因为无人机跟遥控器之间距离过大时，会导致图传信号无法传输至手机或平板。

注意

图传中断时你可以用下面几个步骤应对：

1. 移动飞行操作者的方向位置，尽量把遥控器方位及天线直线对着飞机。

2. 试着将飞机提升高度，尽量避免被遮蔽（当然要预先看一下飞机上方是否空旷）。

3. 如果还是没有好转，请按下自动返航（注意起飞前的返航高度）。

我的无人航拍机需要保养吗？

无论哪一台航拍机，都是需要保养的，不过由于有飞行系统以及很多精密的电子组件，我们并没有办法将机身全部拆除清洁，所以只能做外观的保养及基本的清洁。

 准备工具以及做法如下。

1. 请准备下列道具。

● 需要针筒还有简单的毛刷、毛笔、板刷

2. 因为飞机很容易卡灰尘，所以也可以用摄影吹球将灰尘吹掉。

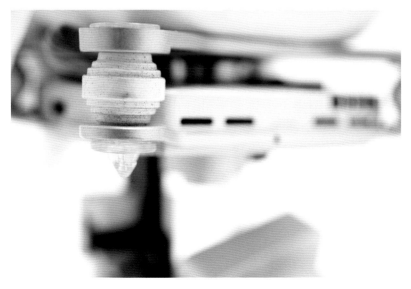

3. 可以通过这三种不同用途的刷子清洁飞机的云台。

4. 至于电机的部分，因为有太多垫片以及线圈，不建议用刷子去清洁，可以使用吹球的方式来清洁。针筒主要是用来上少许润滑油让电机转动得顺利些。

航拍高手如何挑选最佳飞行地点？

看到这里，读者们有没有很心动，想要快点出去飞行一下？那么高手会怎么挑选航拍场地呢？

答 小编建议可以的话尽量先找空旷地点。（住家顶楼不算）

　　模型飞场是最适合的地点，要带新朋友去练飞大部分都是找飞场练习。进阶后则可以往这几个方向来寻觅：

1. 海边

建议新朋友第一次飞行的地点找海边或是沙滩，这类地点空旷好飞行，也不需要注意太多树木，还能看看有没有渔船可以练习构图。

2. 河道

这个题材很好表现，尤其是冬山河／微风运河／大稻埕码头河岸这类的题材，不时可以看到帆船在河道上运动。但是也要注意河道两旁是否有树林。

3. 码头

码头边也是不错的选择。可以拍些渔船，运镜上面可多用 90° 来做拍摄。

4. 山区拍摄

每次在山区飞行心情都特别的舒畅，无论在多高的地点，大家都要记得飞行高度！举例：海拔
800m 高度开始起飞，可以往上飞 120m，所以所在高度就是 920m，但是如果降低高度往峡谷低
处飞行，等于要减去高度。此时也不要特别紧张，只要记得出发时候有记录返航位置以及自己跟飞
机的相对位置，也不是太大的问题。

航拍达人的台湾航拍私房景点分享

小编自己在台湾也是到处跑四处飞，宝岛真的很美，我还有很多地方都没去飞过，本书最后，就分享几个不错的景点给大家！

- 宜兰伯朗大道，每年 5 月、6 月之际，这一年一耕的宜兰水稻是非常值得来现场拍摄看看的，因为还没收割，所以画面特别有感觉

- 新竹海山渔港，早上跟黄昏都有不错的景色，这边除了东北季风的季节外其他时间都是很好的练功房，画面也特别漂亮。可以拍摄到早上在湿地上打拼的渔民或是在海边工作的蚵农们

- 宜兰利泽简大桥（冬山河），宜兰代表性的桥梁，很漂亮的一个景点，在飞行的同时需要特别注意指南针干扰的问题

- 东澳湾，东澳粉鸟林的海景，这个景点可以拍摄海景、日出景、山景，如果要拍摄日出景色记得要查询太阳出来的时间，建议提早 30 分钟抵达现场做准备

- 龙潭湖，礁溪龙潭湖湖面清澈，天气好的时候湖面倒影特别明显

- 阴阳海，美丽的北海岸，远眺九份山区跟蔚蓝的海景。在此飞行特别需要注意风力（飞友 SamYueh 拍摄）

- 高雄美景，高雄是小吃吃不完的一个都市；港都美景，都市美景加上海港，呈现出特别协调的画面。飞行时要特别注意光线的差异，上午跟下午的光线差异很大（飞友 SamYueh 拍摄）